Information Society

高校生が教わる「情報社会」の授業が3時間でわかる本

大人も知っておくべき"新しい"社会の基礎知識

専修大学ネットワーク情報学部講師
沼 晃介
Kosuke Numa

SHOEISHA

はじめに
これからの社会では、ITのしくみを知らないと損をする?

▶ 今日の情報社会

　現代は情報化の時代です。今日の社会を説明するには、「情報」や「情報化」といった言葉は必要不可欠です。人々の日常生活を取り巻く情報システムは日進月歩の高度発展を見せ、私たちはそれを意識のうちにも無意識のうちにも使いこなして生きています。

　スマートフォンをはじめとしたモバイル端末は現代人にとってほぼ必須のアイテムとなり、ソーシャルメディアを介して情報を集めるばかりか、自らも情報の発信者となる時代になりました。情報伝達手段の高度化に伴い、ものごとの流行り廃りも、まばたきする間もない速度で移り変わります。ちょっと話題に乗り遅れると、「古い」「懐かしい」などと言われる始末。技術の発展もめざましく、VR、AI、IoTなどと、次々と新しい略語も登場しています。はたして、世の中はこれからどう変わっていくんだろう、このままでは変化に取り残されてしまうのでは、という漠然とした不安を抱く人々も増えているのではないかと思います。

　技術の進展に伴い社会の様態が変化するというのは、いつの時代もずっと繰り返されてきたことです。しかし、現代の情報社会の変化は、その速度が特徴です。こうした変化の中、デジタルデバイドという言葉が現れ、情報技術に明るい人とそうでない人の間の情報格差は広まっているとされています。今日の情報社会は、本当にこのような二極化の中にあるのでしょうか?

　会社や組織の中で、はたまた日常生活の中で、もはや私たちは情報システムに触れずには生きていけません。否が応でも、この情報化の波についていかざるを得ません。本書が想定している読者層は、完全に取り残されてしまった人というわけではありません。むしろ、なんとなくついていっている気はしている、だましだましでも日々を生きている。しかしそれでもこの先、さらなる変化にずっとついていくことができるのか不安を抱いている、そういったみなさんです。

▶「情報と社会」の授業

2002年から中学校にて、2003年から高等学校でも、教科としての「情報」が必修化されました。そして、情報教育を受けた世代も今や社会の第一線で活躍するようになってきました。自分のことをこうした教育を受ける前の「旧世代」と考える人の不安は大きいでしょう。あるいは、当時の授業ではよく理解できなかった、もっとちゃんと勉強すればよかった、と感じている人も少なくないでしょう。

本書は、高等学校で教えられている「社会と情報」の内容を、こうした情報格差の谷間において変化に不安を感じる大人の方に向けて、まとめ直したものです。高等学校の教科「情報」は、2013年から「社会と情報」「情報の科学」の2科目に再編されました。「社会と情報」は、特に「情報が現代社会に及ぼす影響を理解させるとともに、情報機器等を効果的に活用したコミュニケーション能力や情報の創造力・発信力等を養うなど、情報化の進む社会に積極的に参画することができる能力・態度を育てることに重点を置く」科目です（文部科学省 高等学校学習指導要領より）。

したがって本書では、教科書的に必要なトピックを網羅的に扱い、解説していきます。しかしながら本書を通して最も伝えたいことは、こうした表層の技術や仕組みといったトピックの1つ1つではありません。それよりも、なぜそのような仕組みが生まれたのかという考え方や、さらに言えば人間の生活そのものに対する捉え方を、感覚的につかんでいただきたいと思います。

情報とは、人から人へ伝えるものです。人がどのように情報に接するのか、人と人がどのようにコミュニケーションを行うのかという問いが、すべての根源です。本書はそれを技術の側面と社会的な側面の両面から、それぞれ整理していきます。それらを自身の中でつなげるための工夫として、「やってみよう」といった演習項目や、教科書の内容としてはやや逸脱するような解説を行う「コラム」を各所に入れています。めんどくさい、恥ずかしい、などと思わずにぜひチャレンジしてください。情報というのは、送り手（筆者）から受け手（読者）に一方的に教授するばかりでは十分に伝わりません。私があなたに向かって、どうやってこのメッセージを伝えようとしているのか。そのこと自体もまた、情報と人間の関わりを考えるヒントになればと思います。

2017年11月　沼 晃介

目次

はじめに 2

第1章 知っておくべき「システム」のしくみ　　9

- **1-1** こんなに変わった「昔あったもの」 10
- **1-2** 身の回りにあるコンピュータ 12
- **1-3** 様々な情報システム 14
- **1-4** 日常に進出するセンサと情報家電 18
- **1-5** ウェブは「もう1つの社会」 20
- **1-6** オンラインサービスは百花繚乱 22
- **1-7** コンピュータの使いやすさを決めるもの 24
- **1-8** 人と情報の関係 28
- **1-9** 情報社会のこれから 30

第2章 知っておくべき「コミュニケーション」のしくみ　　33

- **2-1** 誰もが情報発信源 34
- **2-2** インターネットを介したコミュニケーション 36
- **2-3** デジタル表現の「ウソ」に注意 38
- **2-4** 画像加工は「ねつ造」? 42
- **2-5** その書き込みキケンです!① 〜個人情報とプライバシー〜 44

2-6	その書き込みキケンです！②〜著作権と肖像権〜	46
2-7	インターネットでのコミュニケーションで気をつけること	50
2-8	ウェブが作る新たな社会	52
2-9	ウェブ社会を生き抜くために	54

第3章 知っておくべき「情報活用」のしくみ　　55

3-1	情報化された世界と人の営み	56
3-2	情報の性質と問題点	58
3-3	「デジタル」とはどういうこと？	60
3-4	データはすべて0と1でできている	62
3-5	デジタルメディアの種類	66
3-6	文字も数字から変換される	68
3-7	コンピュータが音楽を表現できるしくみ	70
3-8	コンピュータが写真や動画を表現できるしくみ	72
3-9	コンピュータのしくみ	74
3-10	プログラムが動作するしくみ	76
3-11	アルゴリズムとデータ構造	80

第4章 知っておくべき「通信」のしくみ 81

4-1	社会を変えたインターネット	82
4-2	データはどうやって移動している?	84
4-3	ネットワークの決まりごと「プロトコル」	88
4-4	ウェブとメールの裏側	90
4-5	HTMLとウェブページ	92
4-6	オンライン配信のしくみ	96
4-7	情報収集と検索	98
4-8	さらにウェブを使いこなすために	100

第5章 知っておくべき「セキュリティ」のしくみ 103

5-1	人もモノもカネも、見えなくなっていく	104
5-2	気をつけたい情報セキュリティ	106
5-3	コンピュータウイルスの正体	110
5-4	サイバー犯罪に巻き込まれないために	114

第6章 知っておくべき「最新テクノロジー」のしくみ　119

6-1 なぜ人工知能が人間に代わるといわれるのか①
〜人工知能の歴史〜　120

6-2 なぜ人工知能が人間に代わるといわれるのか②
〜機械学習とディープラーニング〜　124

6-3 IoTが生活を変える　128

6-4 フィンテックで現金がなくなる?　132

6-5 AR（拡張現実）とVR（仮想現実）は何が違う?　134

用語集　138

索引　142

本書内容に関するお問い合わせについて

このたびは翔泳社の書籍をお買い上げいただき、誠にありがとうございます。弊社では、読者の皆様からのお問い合わせに適切に対応させていただくため、以下のガイドラインへのご協力をお願い致しております。下記項目をお読みいただき、手順に従ってお問い合わせください。

●ご質問される前に

弊社Webサイトの「正誤表」をご参照ください。これまでに判明した正誤や追加情報を掲載しています。

正誤表　http://www.shoeisha.co.jp/book/errata/

●ご質問方法

弊社Webサイトの「刊行物Q&A」をご利用ください。

刊行物Q&A　http://www.shoeisha.co.jp/book/qa/

インターネットをご利用でない場合は、FAXまたは郵便にて、下記"翔泳社 愛読者サービスセンター"までお問い合わせください。

電話でのご質問は、お受けしておりません。

●回答について

回答は、ご質問いただいた手段によってご返事申し上げます。ご質問の内容によっては、回答に数日ないしはそれ以上の期間を要する場合があります。

●ご質問に際してのご注意

本書の対象を越えるもの、記述個所を特定されないもの、また読者固有の環境に起因するご質問等にはお答えできませんので、予めご了承ください。

●郵便物送付先およびFAX番号

送付先住所　〒160-0006　東京都新宿区舟町5
FAX番号　　03-5362-3818
宛先　　　　（株）翔泳社 愛読者サービスセンター

※本書に記載されたURL等は予告なく変更される場合があります。
※本書の出版にあたっては正確な記述につとめましたが、著者や出版社などのいずれも、本書の内容に対してなんらかの保証をするものではなく、内容やサンプルに基づくいかなる運用結果に関してもいっさいの責任を負いません。
※本書に掲載されているサンプルプログラムやスクリプト、および実行結果を記した画面イメージなどは、特定の設定に基づいた環境にて再現される一例です。
※本書に記載されている会社名、製品名はそれぞれ各社の商標および登録商標です。

第 1 章

知っておくべき「システム」のしくみ

ねらい

▶日常生活に溶け込むコンピュータシステムを理解します

▶ウェブの社会的な側面を理解します

▶コンピュータと人と情報の関係を理解します

まずは今日の社会における情報化の状況を整理しましょう。この章では、私たちが日常的に触れるコンピュータへの理解を深めます。情報システムの現状を概観しながら、それらを用いることで社会にどのような影響があるのか、その考え方を示します。

1-1 こんなに変わった「昔あったもの」

図1 昔の生活と今の生活

やってみよう！　　　　　　　　　　　　　　昔と現在の間違い探し

　上の **図1** は、情報化に伴う生活の変化を表しています。間違い探しというには変化が大きいですが、どこがどう変わったか、見比べてみてください。

　昔を表す図には、地域や世代によって、皆さんの中でも知っているもの、知ってはいるけれど直接使ったことのないもの、まったく知らないものが混ざっているとは思いますが、これらは典型的な情報化の例です。何が変わったか、考えてみましょう。

▶ 私たちの暮らしの中の情報化

　間違い探しの答えに触れながら情報化の流れを追うと、（1）外出先での電話が公衆電話から携帯電話へと変化した、（2）列車に乗る際の改札が有人改札から自動改札機に、特に IC カード式に変化した、（3）紙の地図に頼っていたのがスマートフォンでナビができるようになった、（4）お金の引き出しや振り込みの手続きをするところが銀行窓口から ATM へ変わった、（5）店舗での買い物以外にネット通販という選択肢が広まった、などの変化がありました。これらの変化は、時間や空間的に固定されていたものの制約を取り除く変化や、介在する人の作業を自動化することで多くの情報を瞬時に扱えるようになる変化など、人々の負担を軽減し、より便利に生活ができるような変化です。

▶ コンピュータはどこにでもある

　こうした生活の変化を支えているのが情報技術です。パソコンやスマートフォンなどといった個人が日常的に扱うコンピュータも一般化していますが、駅や銀行などの施設の各所にも、端末につながったネットワークの向こう側にも、はたまた照明や家電などの住宅にある様々な装置の中にも、コンピュータは遍在（どこにでも存在）しています。

　これらのコンピュータは、それ自体がなんらかの機能を持って、私たちの生活を助けてくれています。近年ではさらにネットワーク化することで、より高度なサービスを提供するようになってきました。もはやコンピュータに触れずに生活を送ることは、難しいといえるでしょう。

やってみよう！　　　　　日常に隠れているコンピュータを探そう

　再び出題です。私たちが日常的に触れている「コンピュータ」。上述したとおり、携帯電話やパソコンのほかにも、たくさんのものに日々接しています。こうしたコンピュータがどこに隠れているか、具体例を 10 個考えてみましょう。答えは本章を通じて明らかにしていきます。

1-2 身の回りにあるコンピュータ

▶ こんなにたくさんあるコンピュータ

　私たちは日常的に、パソコンやスマートフォンなどのコンピュータを活用しています。これ以外にも、身の回りはたくさんのコンピュータであふれています（図2）。

　コンピュータとは、「電子計算機」のことです。小型化された電子回路で様々な処理を行う機構が埋め込まれた機器は、あらゆる場所に見ることができます。

　家電機器でも、コンピュータが制御しているものは数多くあります。たとえばテレビやDVDプレイヤーなどのように、リモコンで操作する際にメニューが画面に表示されるような機器は、コンピュータにより制御されていると聞いて納得しやすいでしょう。ほかにも、冷蔵庫やエアコンの温度調整など、特に動作の複雑な機器をイメージすると、その動作をコンピュータで制御する意義がわかりやすいと思います。簡単な処理を行う程度のものから高機能なものまで差はあれど、コンピュータはあらゆる電子機器類に組み込まれていると考えていいでしょう。

　また、家の外を見渡しても、レジ端末や券売機、ATM、複合コピー機、ゲーム機など、実に多様なコンピュータと、それを利用した情報システムに囲まれています。

図2　身の回りにあるコンピュータ

▶ コンピュータの役割

家庭内の様々な電子機器にコンピュータが埋め込まれ、外で触れる情報システムにも多様なコンピュータが用いられていますが、これらはどんな働きをしているのでしょうか。

コンピュータの役割を大きく分類すると、対話、計算、通信、データ管理、制御の5つの働きがあります。

Point　　コンピュータの5つの役割

❶対話
ユーザからの複雑な要求を操作として受け付け、ユーザに必要なフィードバックを返す機能

❷計算
種々のデータを組み合わせ、計算し、処理をして必要なデータの加工や判断を行う機能

❸通信
ほかのコンピュータとネットワークを介して情報を送受信し、必要な情報を得たり、共有したりする機能

❹データ管理
数多くのデータを保管し、検索したり提示したりする機能

❺制御
ほかの機能との連携によって、要求された動作を機器に実現、実行させる機能

コンピュータを用いることで、日常的に触れる機器にこうした機能を付与することができます（これらの役割は相互に連動し影響を及ぼし合うため、あくまでおおよその整理です）。

つまり大雑把にいえば、コンピュータを日常的に触れる機器に組み込み、操作したり、ほかのデータと連携したりすることによって、様々な情報を表示させたり、なんらかの動作をさせたりすることができるのです。またそれだけでなく、こうした機器がネットワーク化されることによって、その場限りの反応にとどまらず、私たちの生活を社会レベルで支えています。

1-3 様々な情報システム

▶ 社会を支える情報システム

　コンピュータを利用した情報システムは家庭の中だけではなく、社会のいたるところで活用されています。会社の中で、あるいは学校や商業施設の中で、さらには銀行や交通などといった社会基盤となるサービスの中で、ありとあらゆる場所に存在します。特にこうした応用においては、コンピュータ単体としての利用以上に、==コンピュータネットワーク==を活かした使い方をされています。

　　　　　コンピュータネットワーク

> コンピュータネットワークとは、複数のコンピュータをネットワークを介して接続したものをいいます。複数のコンピュータ間で通信を行うことで、離れた場所とやり取りをしたり、別の場所から共通の情報を参照したりすることができます。

▶ コンピュータネットワークの例

　たとえば==POSシステム==は、今日の流通や小売のしくみを支える、なくてはならない情報システムです。POSでは商品ごとに価格や個数を管理し、売上や在庫を記録します。店舗内での売上管理の面でも欠かせないものですが、コンビニエンスストアやスーパーマーケットなどの大規模なチェーン展開を行う店舗においては、より大きな意味を持ちます。商品バーコードを用いて==集中的に情報を管理し、ネットワークで共有する==ことで、チェーン内のどの店舗でどのくらい同一の商品が売れているのかを把握することができます。こうしたデータにもとづいて、新たな販売計画の立案や商品調達などの流通機能の検討に役立てられています（ 図3 ）。

　銀行のシステムもコンピュータネットワークが支えています。利用者は窓口やATMを介してお金を引き出したり、預け入れたり、払い込んだりしますが、実際の決済は利用者から受け取った現金をそのまま送金するわけではありません。銀行システム内でデータ化され、ネットワークを介して送金処理が行われているのです。

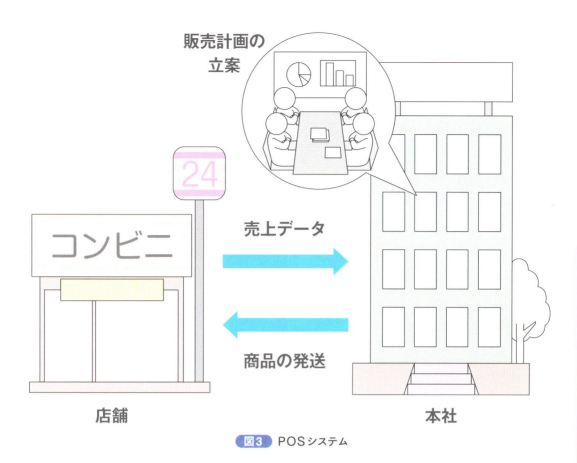

図3 POSシステム

コンピュータとコンピューター

　本書では、ここまで一貫して「コンピュータ」と表記しています。しかし文書によっては「コンピューター」と、長音を伸ばし棒（長音符、音引き）にする表記を見かけることも多いでしょう。これらは何が異なるのでしょうか。

　一般的に科学技術論文や技術書など、いわゆる理系分野を背景とした文書では、「コンピュータ」のように伸ばさない表記が標準的です。これはJIS（日本工業規格）によって定められていたルールに従っているためです。

　一方、新聞や雑誌では、文化庁の外来語表記の指針に沿って長音符を表記するルールを設けていることが多いため、日常的には長音符を用いる表記を見ることのほうが多いかもしれません。これらはどちらが正しく、どちらが誤っているというものではありません。実際JISの規格でも、どちらでもよいというように改められました。

　本書は技術書という体裁は取っていませんが、技術的な専門用語が多数登場するため、一般語を除いて長音符を記載しません。皆さんが文章を書く際には、いずれの表記にせよ内容に沿って一貫した記載をするように心がけるとよいでしょう。

▶ 高度な情報管理

コンピュータネットワークというと、インターネットなどの通信経路を活用した複数のコンピュータ機器の連携をイメージするかもしれません。しかし、より広い意味で捉えると、==コンピュータが組み込まれた複数の機器が通信を行うことで動作する、あらゆる高度な連携==も応用範囲と見ることができます。

たとえば、電車や飛行機などの公共交通も情報システムにより管理されています。実際の運行も、電車であれば車両や駅構内、あるいは踏切などに設置された装置から状況を取得し、集中的に管理する列車運行情報サービスが整備されています。この情報をもとに適切に運行するように制御されているのです。

こうした多数のコンピュータの複雑な連動も、情報化により実現される社会のしくみです。

▶ 生活に不可欠な「特殊な情報管理」

特殊な情報や情報源の利活用にもコンピュータネットワークが欠かせません。これまで例に挙げたような銀行や交通システムに加え、行政文書、電気や水道などのライフラインの供給、電話網の管理、GPSによる位置情報の測位、気象レーダーや地震計の観測情報の共有と予測など、ありとあらゆる社会基盤は情報システムに下支えされています（表1）。

このようにコンピュータ、そしてコンピュータネットワークなくしては、今日の社会は成り立たないといっても過言ではないでしょう。

💡 Point　代替できない社会基盤システム

ここで挙げたような社会基盤システムは、その性格上、競合による代替がききにくく、そのぶん公共性や信頼性が強く求められます。電気、水道、電話などの分野に新規の企業が参入しにくい理由には、資金面もさることながら、このような技術的な障壁もあります。

表1 社会基盤システムのイメージ

社会基盤	システム化されている例
鉄道	● 運転時刻、運転間隔の管理 ● 車両の割り当て ● 運行情報の表示 ● メンテナンス情報の管理　など
航空	● 自動運転（パイロットの操縦補助） ● 運航情報の管理、航空管制 ● 天候など環境情報の管理 ● メンテナンス情報の管理　など
自動車	● 運転操作（人間の操作をデータ化して実際に動く） ● カーナビゲーション、位置情報 ● 自動ブレーキ ● ドライブレコーダー　など
建物	● 受変電などの管理 ● エネルギー効率（省エネルギー）の管理 ● エレベータの運行管理 ● セキュリティシステム
発電・送電	● 発電量の管理 ● 電圧の管理 ● 地域や施設ごとの供給電力の配分 ● 異常の検知　など
上下水道	● 上下水の運用、管理、監視 ● 貯水量の管理 ● ろ過、消毒などの運用、管理 ● 施設データとの連携
人工衛星によるインフラ	● 電気通信（放送衛星） ● 気象情報の把握（気象衛星） ● 位置情報の把握（GPS衛星）　など

1-4 日常に進出するセンサと情報家電

▶ センサとユビキタス

「ユビキタス」という概念があります。「遍在する」という意味のラテン語に由来し、どこでもコンピュータによる補助を受けられる環境を指します。今日はまさにユビキタス社会といえるでしょう。

日常生活空間に埋め込まれるのは、物理的なコンピュータマシンばかりではありません。その空間における人間の状況をコンピュータに伝えることで、より適切な応答が可能になります。こうした機能を実現するのがセンサ技術です。

とても簡単な例から紹介すると、自動ドアが挙げられます。世の中にはいろいろな自動ドアがありますが、たとえば足元に圧力を感知するセンサを設置し、上に人が乗ったことを感知してドアを開く、というような技術が使われています。ほかにも、ドアの上に赤外線センサを設置し、赤外線が遮断されるとドアが開くものや、タッチセンサに触れると開くものなど、様々なバリエーションの実現方法があります。

いずれにしても、ドアの前にドアを開けたい人間がいることを、どのようにシステムが取得するかという問題です。

センサ技術は、人間やほかの環境情報をシステムに取り込むことで、私たちの生活にいろいろな価値をもたらします。比較的新しい建物のトイレでは、人感センサを使って照明や水道が自動的にオンオフされています。この機能を活かし、エネルギー資源の節約を行っているところも増えています。

コンピュータそのものだけでなく、センサをうまく生活の中に張り巡らせることは、今後当たり前になっていくでしょう。

▶ 普及が見込まれるIoT

さらにはこうしたセンサ群や情報家電が、ネットワークを介して相互に接続されるようになり始めています。IoTというのは、Internet of Things、「モノのインターネット」の略語です。環境に埋め込まれたセンサと家電を連動させたり、あるいはそれをネットワーク越しに直接操作したりできるようなイメージです（図4）。

たとえば、生活者の不在を検知してエアコンを制御したり、出先からインターネット越しに炊飯器をセットしたり、スーパーで冷蔵庫の食材を確認しながら買い物をしたり、様々な応用が考えられています。本書の執筆時点では一般的に普及しているとはいえませんが、遠からずこんな未来がやってくると期待できます。

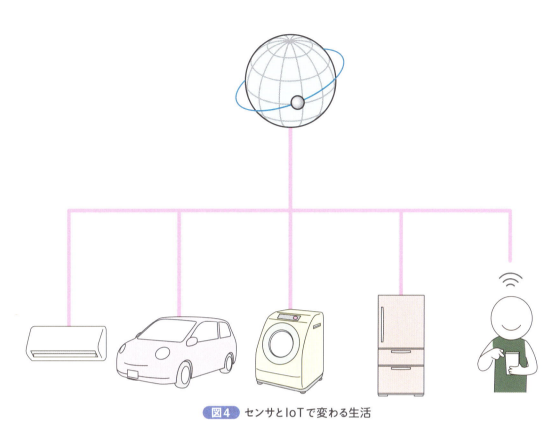

図4 センサとIoTで変わる生活

  組み込みコンピュータ

　コンピュータの機構については第3章で触れますが、パソコンやスマートフォン端末のような、それ自体が一般的にコンピュータと呼ばれるもの以外にも、たくさんの機器にコンピュータが組み込まれています。

　多くの場合、マイクロコントローラと呼ばれる共通化された機能を1つのチップに集積した組み込み専用のコンピュータを用いたり、パソコンなどと共通のコンピュータシステムを機器に組み込んだりしています。

　家電やその他の機器にこうした小型のコンピュータを組み込むことで、簡易的な対話（ユーザの操作）や、計算やデータなどの処理、通信や制御といった機能を持たせることができます。

1-5 ウェブは「もう1つの社会」

▶ コンピュータとセットのインターネット

　前節までに見たように、私たちの実世界での生活は、あらゆるコンピュータに囲まれるようになりました。一方で、私たちが何かを調べたり、誰かと連絡を取ったりする際に、<mark>インターネット</mark>を利用することが一般的になっています。

　メールや個人間のメッセージの送受信、ソーシャル・ネットワーキング・サービス（SNS）などのコミュニケーションは、インターネットがなければ実現できません。ほかにも、天気や電車の乗換、言葉の意味を調べるなど、情報を閲覧・検索したり、あるいはオンラインの通販サイトで買い物したり、私たちの生活の大部分はインターネットに支えられています。

Point　インターネットとは？

インターネットとは、コンピュータがつながったネットワークのことです。コンピュータ同士が決められたしくみの中で通信を行って、遠隔地にあるコンピュータから情報を得るための基盤となっています。

▶ インターネット上の代表的な技術「ウェブ」

　インターネット上では、第4章で詳述するように様々なしくみが働いていますが、社会との接点で考えると、特筆すべき代表的な技術となるのが<mark>「ウェブ」</mark>です（図5）。

　今日私たちは、パソコンやスマートフォンの<mark>ウェブブラウザ</mark>（閲覧ソフト）を用いるばかりでなく、パソコンソフトやスマホアプリを介して日夜ウェブを利用しています。

　今や<mark>ウェブは、実際の社会を補うもう1つの社会</mark>といえるでしょう。実世界で人と会話し、お店で商品を買うという生活があるのと同様、ウェブ上でも人と人が交流し、ショッピングサイトで商品を買うという生活の営みが行われています。

　人々は実世界とウェブを組み合わせ、また時に使い分けて生きています。ウェブは現実空間に姿形は持ちませんが、この意味ですでに社会の重要な一部分となっています。

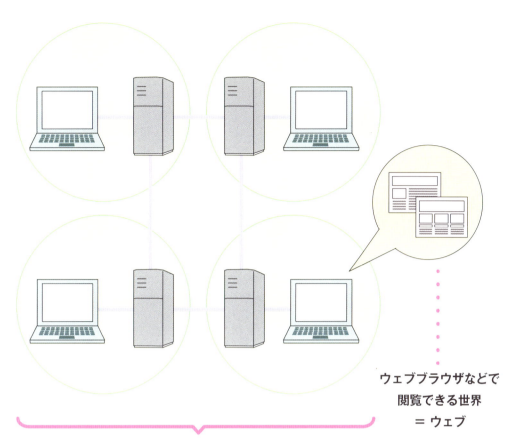

図5 インターネットとウェブ

 利用方法が変わったブラウザ

　先ほど、ウェブブラウザという単語が登場しました。これは文字どおりウェブをブラウズ（browse：拾い読みする）ためのものです。有名なウェブブラウザとして、Internet Explorer、Google Chrome、Safari、Mozilla Firefoxなどがあります。日常的に利用している人も多いでしょう。

　かつてウェブブラウザといえば、「ウェブサイトを見るためのもの」「情報検索をするもの」という認識が強くあったように思います。しかし、最近は大容量の通信が可能になったため、ブラウザ上でメールをしたり、動画を閲覧したり、ゲームで遊んだりできるようになりました。もはや「拾い読み」という言葉が当てはまらなくなっています。

1-6 オンラインサービスは百花繚乱

Point　ウェブサイトとは？

ウェブの最も標準的な利用例が「ウェブサイト」です。個人や団体が、自ら発信したい内容を1つ以上の文書（ウェブページ）にまとめ、公開したものがウェブサイトです。

ページからページへはハイパーリンクと呼ばれるリンクで接続され、リンクをたどって参照することができます。企業が会社や製品を紹介したり、個人が自らの趣味の情報を綴ったり、多種多様なウェブサイトが存在しています。

▶ 静的なウェブページと、動的なオンラインサービス

ウェブページは、一度公開されたものは（書き換えない限り）変化しない、いわば「静的な」情報提供を行います。一方で、ウェブ上に構築された情報システムを用い、ユーザのニーズに沿った「動的な」情報提示を行うオンラインサービスも多数提供されています（図6）。

検索エンジンは、この世に存在する多数のウェブページを機械的に巡回、収集して、ユーザの入力した検索語（クエリといいます）に適したページを提示します。ウェブにおいてこのように蓄えられたデータを、ユーザの操作にもとづき加工、提示する様々なサービスが存在しています。

また、天気予報や乗換案内などのような情報提供にとどまらず、検索した商品をその場で注文できるようにした通販サービスなど、ウェブを介して実社会と同様のサービスを受けるしくみも実現されています。

▶ SNSで情報発信の流れが変化

今日特筆すべきは、ソーシャル・ネットワーキング・サービスに代表されるような、ユーザが情報を投稿できるサービス群です。これらのサービスが出現するまでは、情報発信を行うには自らウェブサイトを構築する必要がありました。しかし、これらのオンラインサービスの登場によって、文章や写真、動画など、様々な情報を発信することが可能となり、一般の人々の情報発信へのハードルを大幅に下げています（詳しくは第2章で）。

メール　　　　メッセージ　　　　SNS

ブログ　　　　ウェブサイト　　　　検索エンジン

辞書　　　　天気予報　　　　乗換検索

図6　いろいろなオンラインサービスの例

Column　ウェブの普及を決定づけたハイパーリンク

　日常的には「リンク」と呼ばれることが多いですが、正式にはハイパーリンクといいます。「リンクを張る」という言い方は一般的になっています。あるウェブサイトを閲覧しているときに別のサイトへ移動するのはもちろん、画像をクリックして画像ファイルを開いたり、文書ファイルを開いたりするのもハイパーリンクです。

　このハイパーリンクは、インターネットやウェブの普及に大きく貢献しました。個人がそれぞれ作ったウェブページをつなぎ合わせて、広大な「ネットの世界」を作り出したからです。

1-7 コンピュータの使いやすさを決めるもの

▶ ユーザインタフェースの大切さ

コンピュータを操作する際、私たちユーザとコンピュータとの接点となるのが「ユーザインタフェース（UI）」です。これはコンピュータの使いやすさを決めるものであるため、コンピュータやシステムの開発者は、いかに工夫できるかを日々検討しています。

パソコンであれば、ディスプレイやマウス、キーボードなどの入出力機器がユーザの使い心地に影響を与えます。また、画面の中で情報をどのように提示し、操作させるかという点は、わかりやすいか否かを決める重要なポイントです。

スマートフォンにおいては、機種によってハードウェア上の制約があり、画面サイズやボタンなどの操作に違いが出るでしょうし、OS（コンピュータを動かすための基本ソフト）によって各ソフトウェアの使い勝手もやはり異なるでしょう。

ユーザインタフェースは、コンピュータへの入力と出力の手段を提供します。以下のように、大きく「入力インタフェース」と「出力インタフェース」に分けて考えると理解しやすくなります（図7）。

Point　入力インタフェースと出力インタフェース

❶入力インタフェース

入力インタフェースは、ユーザの操作をコンピュータに入力するための手段であり、ユーザから見ればシステムを操作する方法です。

マウスやタッチパネル、音声入力に用いるマイクなどを用いてユーザの操作を検知する装置と、それらを用いてどのようにユーザが指示を行うか（マウスクリックやドラッグなどの操作に応じてどのような処理を行うか）といった操作方法を決めます。

❷出力インタフェース

出力インタフェースは、ユーザに対して情報を提示する方法です。ディスプレイにも様々な画面サイズや発色、明るさのものがあります。ディスプレイのほかにも、音声出力や振動など、ユーザに情報を提示する装置自体も多様です。上記のように、画面の中での情報の整理や配置、提示方法も考える必要があります。

入力インタフェース

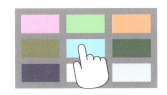

- マウス
  - クリック
  - ドラッグ
- タッチパネル
  - ボタン
  - キー
- マイク
  - 音声認識

出力インタフェース

- ディスプレイ
  - サイズ
  - 明るさ
  - 発色
- スピーカー
  - 音声出力
  - 音質
- 振動
  - 強さ
  - パターン

図7　入力インタフェースと出力インタフェース

GUIとCUI

　私たちが日常的にパソコンを操作する際、マウスやウィンドウを使った視覚的な表現を用いることが多いでしょう。このように視覚情報を用いたインタフェースをGUI（グラフィカルユーザインタフェース）と呼びます。対して、テキストを用いた命令（コマンドといいます）を用いて操作するインタフェースを、CUI（キャラクタユーザインタフェース）と呼びます。

　例に挙げたマウスとウィンドウや、ワードプロセッサといった今日のGUIの基礎は、いずれもダグラス・エンゲルバートというアメリカの技術者が発明しました。

▶「扱いやすさ」を測るユーザビリティ

「ユーザビリティ」とは、システムの扱いやすさを表す尺度です。操作にかかる労力や、提示された情報を解釈する労力、使用方法を学習する労力など、ユーザインタフェースの使い勝手を心理学や人間工学の見地から測定します。いくつかの定義がありますが、操作の有効性や効率、ユーザの満足度などの複数の要素が共通して挙げられます。

ユーザインタフェースを設計する際には、ハードウェアや利用環境の制約、許される開発コストの中で、少しでもユーザビリティを高めることが求められます。

▶「情報の利用しやすさ」を測るアクセシビリティ

使い勝手を表すユーザビリティと似た概念に、情報の利用しやすさを表す「アクセシビリティ」という考え方があります。技術に依存せずにいろいろな情報システムから利用できるほど、多くの人がその情報を利用できるようになります。

システムの利用者には、様々な人がいます。たとえばウェブのサービスにおいても、パソコンのブラウザからアクセスする人もいれば、スマートフォンからアクセスする人もいます。アクセス手段に左右されず、いずれのユーザに対しても満足に情報を与えられるほうが、「アクセシビリティが高い」といえます。

ここでしばしば考慮されるのが、こうした端末の差異だけでなく、高齢者や視聴覚にハンディキャップを持つユーザにとっても、同等に利用可能であるかという問題です。

実社会の建築などにおいては、ユニバーサルデザインの観点から、障がいの有無や能力差、性別や年齢、人種や国籍、文化や言語の異なる多様な利用者が利用しやすいデザインが求められるようになっています。同様に、たとえば音声読み上げソフトを用いてウェブにアクセスするユーザには、画像を説明するテキストを用意するといった対応を意識することで、ユーザインタフェースのアクセシビリティを高めることができるでしょう（図8）。

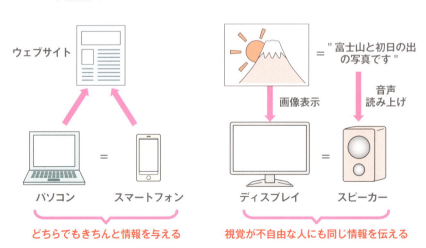

図8　アクセシビリティの例

やってみよう！　ユーザインタフェースをデザインしてみよう

　電車の券売機は、目的地までの料金を検索し、適切な料金の切符を選択して買うという、複雑な操作が求められる情報端末です。その路線を利用し慣れた人から、初めてその路線を利用する人、さらに日本に初めて来た外国人観光客まで、様々な人が切符を買い求めます。

　本節で紹介したユーザビリティやアクセシビリティを考慮したうえで、新しい券売機のユーザインタフェースをデザインしてみましょう。券売機はタッチパネル式であるものとして、表示画面を絵に描いてください。

　画面内のタッチで表示が切り替わる場合、切り替わった画面を順に描き出してみましょう。路線や運賃は架空のもので構いません（この問題に正解はありませんが、以下に例を示します。この例にとらわれることなく自由に考えてください。次節で解説をします）。

図9　券売機の画面デザインの一例

人と情報の関係

▶ なぜ使いにくいシステムが生まれるのか

　前節の「やってみよう」ではいきなり難しい問題を出してしまいましたが、ユーザインタフェースのデザインを描けたでしょうか。自分で描いてみると、考えなくてはならない事柄が大変多いことに気づいたのではないかと思います。もし「そんなことはない」と感じているのならば、必要な機能が網羅されていないかもしれません。アクセシビリティは十分でしょうか？

　……と、さらに難しく感じるようなことを書いてしまいましたが、実は、感じてほしかったのはシステムを設計することの難しさです。本書の読者は、日常生活の中で情報システムは利用するものの、作る立場にはいない人が多いと思います。

　情報システムは、作る立場と使う立場、どちらから捉えるかによって見えるものがまったく異なってきます。使い手は自分のことだけ考えて、使いにくいと不平をいうこともあるかもしれません。しかし作り手は、様々な制約の中でそのデザインを考えているはずです。

　悪いユーザインタフェースの作り手を擁護したいわけではありませんが、なぜ悪いデザインが生まれてしまうのかを理解することが、情報システムを、そして人と情報の関係を理解するうえでとても重要なポイントになるでしょう（図10）。

　逆に作り手は、作り手の立場でシステムを用意しても、使い手の文脈と乖離してしまいます。使い手がどのような状況でシステムを利用するかを、よく想像することが必要です。

▶ 多様性とコミュニケーション

　情報は、見る立場によって意味が変わります。情報システムの作り手と使い手というのは極端に異なる立場ですが、情報の発信者と受信者、それぞれの立場を考慮することは重要です。あなたの伝えたいその情報は、はたして自分の思っているとおりに受け手へ伝わるでしょうか。

　情報社会の本質は、人と人のコミュニケーションにあるといっても過言ではないと筆者は考えています。多種多様な人々がいる世の中で、情報と情報システムが人々をつなぐのです。

図10 ユーザインタフェースから人と情報の関係を理解する

UIとUX

　前節と本節でユーザインタフェース（UI）について解説しました。これと似た言葉に、ユーザエクスペリエンス（UX）があります。

　ユーザエクスペリエンスとは、その名のとおりユーザが製品やサービスを通じて得られる体験のことです。たとえば、ウェブサイトの「デザインが美しい」と感じるのはユーザエクスペリエンスです。絵画や映画をアピールするウェブサイトでは、多少の使いやすさは犠牲にしても、優れたデザインが求められる場合があります。逆に、実用性が重要なサービスであれば、美しいよりも使いやすいほうが体験の価値を高めます。このように、ユーザインタフェースとユーザエクスペリエンスは密接な関係にあります。

　なお、ユーザエクスペリエンスは体験のことなので、ウェブサイトだけの話ではありません。顧客対応や品質なども含まれます。

1-9 情報社会のこれから

▶ 社会基盤としての情報ネットワーク

　本章では情報システム活用の現状を描いてきましたが、取り上げた例は代表的でわかりやすいものが中心となっています。実際に、十分に情報化の進んだ領域もある一方で、別の分野では情報化が発展途上という領域もあるのが現実です。しかし、今後も引き続きあらゆる分野で情報化が進展し、逆行することはないでしょう。今まさに、急速に情報化が広がっている最中なのです。

　この先、ますますあらゆるものがコンピュータネットワークに接続されるでしょう。スマートフォンに代表されるモバイル情報端末は、ユーザ個人が日常的に肌身離さず携帯することで、人をネットワークにつなぎます。家庭内外の環境にある機器も、IoTの普及により相互接続が進むでしょう。人と人、人とモノ、モノとモノとが相互につながっていきます（図11）。

　こうして実世界に結びついた情報ネットワークが拡大することによって、実世界における様々な情報がデータ化され、利用可能になっていくでしょう。データ量は莫大なものになりますが、それらを処理するしくみも整いつつあります。その一部については第6章で触れます。

　このように、実世界の人・モノとウェブとは相互に接続され、より日常生活に密着したサービスが提供されるようになるでしょう。そのとき、こうした情報ネットワークは、今日以上に社会を成り立たせる重要な基盤になるものと考えられます。

▶ 人と人をつなぐコミュニケーションメディア

　人々の生活がよりネットワーク化・情報化されることによって、人と人のコミュニケーションもますますオンライン化していくでしょう。すでにソーシャル・ネットワーキング・サービスやメール、メッセージングサービスは重要なコミュニケーションツールですが、これからのコミュニケーションでは、さらにその比重が増すでしょう。

　モバイル情報端末を常時持ち歩く（身につける）ことで、ネットワークを介していつでもどこでもその人に連絡を取ることができます。逆にその人から見ても、いつでもどこでもネットワークにアクセスできます。モバイル情報端末は、このように人がネットワークにアクセスするためのゲートの役割を果たします。

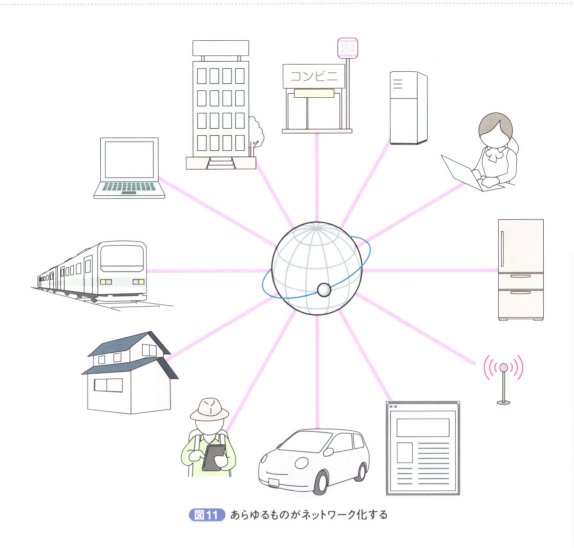

図11 あらゆるものがネットワーク化する

▶ 情報ネットワークを導くパートナー

　ネットワークを介して扱う情報が増大したとき、モバイル情報端末に求められるのはどのような機能でしょうか。

　ユーザ自身が大量のデータ処理や、多数のデータ閲覧を行うには、軽量なモバイル情報端末よりも、高性能で大画面を有したパソコンが適しているでしょう。モバイル情報端末ではユーザ自身が複雑なデータを扱うことが難しいぶん、端末がユーザのニーズを予測し提案するような機能が求められるようになると考えられます。

　このときモバイル情報端末は、情報ネットワークにアクセスするためのゲートにとどまらず、情報ネットワークからユーザの求める情報を提示する、いわばナビゲーターのような役割を果たすといえるでしょう。情報端末は、ただの道具というよりも、より**ユーザのパートナーに近い存在**となっていくのではないでしょうか。

メディア論という考え方

今日では、日常生活においても社会インフラでも、ありとあらゆる面で情報システムに支えられるようになりました。こうした情報化が進んだのは、なぜでしょうか？

「情報技術の進展をたまたま生活の情報化に適用した」という説明は間違いではありませんが、これだけではより大きな時代の流れを見逃してしまいます。情報技術の発展は、変えるべくして私たちの生活を変えたのです。

「道具の発展は、人の身体や精神を拡張する形でその人の生活を変える」と主張したのは、カナダ出身の英文学者マーシャル・マクルーハンです。1964年に出版された『メディア論』の中で、ハンマーは拳の拡張であり、鉄道は足の拡張であるというような例を挙げています。これらの技術は、私たちの生活に線路や車輪をもたらしたのではなく、今までの足よりずっと速く遠くへ行ける足をもたらした、というような考え方をします。

では情報技術は私たちの何を拡張するのでしょうか？いろいろなとらえ方はあるでしょうが、計算能力や記憶能力、伝達能力といった思考や認知に関わる能力、いわば「脳の機能を拡張した」という言い方もできるのではないでしょうか。

こうして脳の機能を拡張した私たちの生活がどのように変わっていくのか、という視点が、これから未来の情報技術の発展を見通す道標になるはずです。たとえば、世の中のあらゆるモノがネットワーク化されると、何ができるようになるか想像してみましょう。

もう1つのマクルーハンの主張は、そうした道具（「メディア」と呼びます）は、それ自体がメッセージであるということです。人間は文字というメディアを手に入れたとき、思考をアウトプットし、さらに考えを深めるための手段を手に入れました。そして、印刷技術はそれを複製して広める技術でした。

それぞれ、私たちが思考を深めること、思考を広めることという、人間のものの考え方そのものを変える大きな影響がありました。情報技術の発展が脳の拡張を通じて変えるのは、社会や生活だけでなく、私たち人間の深い部分にまで達するのではないでしょうか？

第**2**章

知っておくべき「コミュニケーション」のしくみ

ねらい

▶ウェブにおける情報発信について理解します

▶デジタル表現でできることを理解します

▶ウェブへの書き込みで気をつけることを理解します

情報は人から人へ伝えられるものです。情報システムの高度化により、人と人との間での情報伝達にも変化が起こっています。情報社会の本質であるコミュニケーションのしくみを明らかにしましょう。

2-1 誰もが情報発信源

▶ ウェブを用いた情報発信

　ウェブにおける情報発信の最も素朴な形は、ウェブサイトの公開です。ウェブサイトにはユーザが記述した文書を掲載することができるため、一般の人々が多人数に対して情報を発信できます。ウェブの普及以前には、街の掲示板やアマチュア無線などの限定的な環境を除いては、このように一般に開かれた情報発信の場はありませんでした。今や情報発信は、出版社や新聞社、放送局といった、いわゆるマスメディアに特権的に与えられた活動ではなくなったのです。

　しかし、原理的にはユーザが自由に情報発信をできる手段を得たといっても、技術的な障壁は高く、幅広い人々が日常的に気軽に情報発信を行うにはさらなる技術の革新を待つ必要がありました。

　ウェブサイトに文書を公開するためには、サイトを設置するウェブサーバを用意し、文書をHTML形式で記述したうえで、そのウェブサーバにFTPなどの転送技術を用いてファイルをアップロードしなくてはなりません。

　……と、突然このように技術用語で説明されて戸惑った読者の方は多いと思いますが、安心してください。この説明ですんなりわかる人のほうが少ないことこそが、ウェブサイトの公開が容易でないことを示しています。これらのウェブの技術については第4章にて述べますが、そうしたことを理解しなくても情報発信を行える環境が徐々に広まりました。

▶ ソーシャルメディアによって誰もが情報発信源に

　ウェブの初期から「掲示板」のようなシステムは存在しましたが、これらの延長として、パソコンや携帯電話の画面からウェブコンテンツを管理するシステムが出現しました。こうしたシステムはコンテンツマネジメントシステム（CMS）と呼ばれますが、その初期の代表的な例がブログです。ブログは、ユーザの記述した文書を時系列に並べて表示する形式のウェブサイトといえます。ブログサイトはブログツールと呼ばれるCMSによって管理され、ユーザはブログツールさえ扱えればブログサイトを開設し、記事を公開することができます。

　この延長上にあるのが、ユーザ同士で情報共有を行うサービスです。ソーシャル・ネットワーキング・サービス（SNS）と呼ばれる人と人とのコミュニケーションそのものを目的としたものや、写真共有、イラスト共有、動画共有など、ユーザがいろいろな形態のコンテンツを公開するサービスが普及しました（ 図1 ）。今ではユー

ザが複数のサービスにまたがって、自分の名義で種々の情報を発信することができるのです。このように誰もが広範に発信した情報を届けることができるサービス群を指して、**ソーシャルメディア**といいます。

ソーシャルメディアの普及により、誰でも情報の発信者となる時代になりました。特に今日では、スマートフォンなどのモバイル情報端末の普及も相まって、いつでもどこでも情報を受発信できる環境が整っています。情報は発信者から受信者に伝達されるものですが、**すべての人が一方的に情報を受け取るだけの立場でなく、同時に発信源にもなる**のです。

掲示版／クチコミ投稿	ソーシャル・ネットワーキング・サービス	動画共有サービス／イラスト投稿サイト
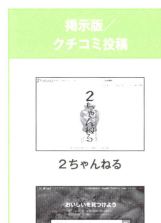 2ちゃんねる / 食べログ	 Facebook  Twitter	 YouTube  Pixiv

図1 情報共有のための様々なサービス

やってみよう！　好きなものを紹介する文章を書いてみよう

「これは人に知ってほしい」というあなたが好きなものを思い浮かべてください。そのよさを第三者に紹介する文章を書いてみましょう。SNSに投稿するような読みやすい短文を心がけつつ、必要に応じて他者へのアピールとなる写真をつけても構いません。「映画」などといった漠然とした項目より、具体的な作品を思い浮かべ、どこが好きかを語ってください。このような他愛ないことでも、自ら情報発信をすることが情報社会への理解を深めることにつながります（SNSへの投稿を想定した例題ですが、現段階で実際に投稿する必要はありません）。

2-2 インターネットを介したコミュニケーション

▶ メディアを介したコミュニケーション

ウェブ、特にソーシャルメディアの普及によって、人と人とのコミュニケーション方法もインターネットを介したものが一般的になってきました。オンラインメディアに限らず、メディアを介したコミュニケーションには、対面でのコミュニケーションとは異なる利便性と、そして同時に困難さがあります。

▶ システムによって変わるコミュニケーション

たとえば、手紙や電話といった、インターネット以前からの代表的なメディアを用いたコミュニケーションを思い浮かべてみましょう。いずれも相手と直接会わずに情報を伝達することができます。手紙は送り手から受け手への一方向の情報伝達です。発信してから受信されるまでに時間差が発生しますが、送り手と受け手が同時に時間を共有する必要もなく、お互いに好きなタイミングで書き、読むことができます。

電話は遠隔に所在する2地点の間で双方向的に会話できます。両者はお互いの時間を拘束する代わりに、即時に相手の反応を確認して新たなメッセージを発する、インタラクティブなやり取りが可能です。このように利用するメディアの特性によって、それを媒介して行われるコミュニケーションも変わってきます（表1）。

インターネットを介したコミュニケーションでも、対面でのコミュニケーションと比べ、距離や時間といったなんらかの障害が取り除かれます。一方で、即時性や双方向性、伝達できるメッセージの形態や内容の面で制約を受けます。媒介するシステムに応じてコミュニケーションが変化するのは、**目的とするコミュニケーションに応じてシステムを選択、設計する重要性を表している**といえます。

表1 手紙／電話／インターネットでのコミュニケーションの比較

メディアの種類	利便性 （時間や場所を制限されない）	意思の伝えやすさ	リアルタイム性
手紙	○ （ほとんど制限されない）	△ （表情などの付随情報がない）	× （数日のタイムラグがある）
電話	△ （通話中は身動きしにくい）	○ （声色などで表現できる）	○ （対面と同じ）
インターネット （メール）	○ （ほとんど制限されない）	× （手紙より無機質な印象を与えやすい）	△ （相手がすぐ読めば即時的にやり取り可）
インターネット （メッセージサービス）	○ （ほとんど制限されない）	△ （絵文字などで表情を伝えられる）	○ （短文でスピーディなやり取りが中心）

▶ インターネットのトラブルは特別なものではない

インターネットは、それまで知り合いであった者同士にも新たなコミュニケーション手段を提供しますが、今日ではインターネット上のみで交流を行う人間関係も珍しくなくなってきました。対面を伴わない人間関係の危険性を指摘する声もあります。

しかし、人と人の関係においては、インターネット上のコミュニケーションに限らず、様々なトラブルが発生します。ウェブが新たな社会の側面としてその重要度を増す中で、オンラインの人間関係を一律に拒絶することはデメリットも大きいでしょう。メディアの特性を理解したうえで、対象の人間や情報を信頼できるかどうかの判断をしていくことが必要です。

▶ 人への信頼と情報の信憑性

発信者の立場から見ると、複数のウェブサービスを選び、組み合わせることで、文章に限らず画像や音声、映像など、多種多様な形態の情報を発信できるようになっています。しかし受信者から見ると、実際に触れるのはある一面の情報だけです。つまり、限られた内容から情報や発信者への価値判断を行わなくてはなりません。情報発信に選ばれるメディアによって効果的に伝わる部分と同時に、抜け落ちてしまう部分が存在します。結果として言葉が足りず、意図したとおりに伝わらないこともあるでしょう。

こうした善意の誤解の一方で、そもそも悪意を持ってあえて誤解を招くような情報発信を行い、他者を貶めたり、不平等に自らの利益を求めたりするユーザも存在します。ウェブ上の情報は、このように善意的にも悪意的にも正しくない場合があるのです。

では、どの情報を、そして誰を信じればよいのでしょうか。この問いに直接答えるのは困難ですが、本章を通じてデジタルメディアを用いた表現の特性を理解することで、自ら判断できる感覚を養ってほしいと思います。

やってみよう！ ……… 他者の書いた好きなものを紹介する文章を読んでみよう

もしあなたがTwitterやFacebookを利用しているならば、ハッシュタグ「#情報社会の授業好きなもの」を検索してみましょう。ハッシュタグとはSNSにおける投稿を検索しやすくするもので、同じハッシュタグが付加された投稿を一覧することができます。ほかの読者が書いた好きなもの紹介が表示されると思います。

さて、いくつか読んでみて、どのように感じたでしょうか？ 興味深いもの、自分には響かないものなど、いろいろとあるでしょう。投稿者に共感できたり、信用できたり、よくわからなかったり、それぞれ感想を持ったと思います。

さて、あらためて前項であなたが書いた文章を読み返してみてください。その内容、その書き方で、ほかの読者に響くでしょうか？ もう一度考えてみましょう。

2-3 デジタル表現の「ウソ」に注意

▶ 表現が受け手に与える印象

情報はその表現方法によって、適切に理解されることもあれば、誤解を受けることもあります。たとえば文章であれば、前提を省略することで、文脈を共有していない人に誤った印象を与えることがあります。様々な立場の読者に誤解なく情報を伝えられるような表現を心がける必要があります。

同じ内容でも、言葉遣い1つで大きく印象は変わります。以下の例を見てください。

A）丁寧な表現を用いないと、悪い印象を与えてしまうことがあります。
B）丁寧な表現を心がけることで、よい印象を与えやすくなります。

Aのように否定的な言葉を用いて書くと、不安を煽るように感じるかもしれませんが、Bのように書くとポジティブな効果が想像しやすくなります。このように、**伝えたいメッセージに即した表現を選択する**ことは、効果的な情報発信のポイントです。

▶ 注意したい「印象操作」

一方で、こうした**受け手に与える印象を過剰に操作する、悪意ある情報表現**も見られます。ウェブはあらゆる人が自由に情報発信できるぶん、受け手は玉石混淆の情報から適切な情報を選び取る必要があります。ウソやねつ造、誇張表現など、情報そのものの誤りを見極めることが重要です。同時に、用いている情報は誤っていないにもかかわらず、情報の加工や表現により誤った印象を与えるものにも注意を向けなくてはなりません（図2）。

 Point　メディア全般を「見る目」を養う

こうした印象操作は、ウェブの情報に限らず、既存のメディアにも見ることができます。主張に沿う情報を大きく取り上げ、不都合な内容は扱いを小さくしたり、取り上げなかったりすることで、自らの主張が正しいと感じさせるテクニックがあります。また、論理的に関連のない、悪印象のある単語によりレッテル貼りを行い、攻撃対象そのものに悪印象を抱かせるテクニックなどは、マスメディアにおける広告や報道の中でもしばしば用いられ、問題になっています。

悪意ある表現の種類	表現の例	疑問を持つべき箇所
ウソ／ねつ造	 絶対やせる！	●データによる裏づけはあるか？ ●画像は加工されていないか？ ●発信者は信用できるか？
誇張表現	 ほとんどの人が効果を実感！ ※実際のアンケート結果は…… すごく効果があった　　3% まあまあ効果があった　15% ふつう　　　　　　　57% あまり効果がなかった　10% まったく効果がなかった　15% →多くの人が「ふつう」と回答していて、「効果がなかった」と感じた人も一定数いた	●詳細なデータが開示されているか？ ●あいまいで耳障りのよい言葉ばかり使われていないか？ ●イメージ図はその情報に関係があるか？

図2　悪意ある情報表現の例

Column

疑似科学

　世の中に見られるウソの例として「疑似科学」があります。一見科学的に正しそうな体裁で紹介される情報の中にも、実際には科学的に根拠のないものや、説明に誤りがあるものが含まれている場合があります。健康増進の効果を誤認させたり、物事の安全性の評価を意図的にねじ曲げたり、ありもしないものを信じ込ませたりすることは、商業でも政治でも宗教でも悪用されています。

　こうしたウソにだまされないようにするには、「科学リテラシー」（科学的な知識や考え方）を身につけなければなりません。また、表現のウソを見抜いたり、ほかの情報源を確認したりするなど、情報の取捨選択能力（メディアリテラシー）も身につけていく必要があります。

▶ 統計に潜むウソ

情報発信に際し、データは主張を裏づける客観的な証拠として用いられます。しかし、この**データの処理にも、様々な作為が入り込む**余地があります。統計データが提示されても、適切な処理がなされているのかを疑う姿勢は必要です。

統計データが意図的に操作されている場合、大きく分類して**サンプル設定**、**調査方法**、**論理展開**、**視覚表現**のどこかに問題があります。情報の受け手の立場では、このような情報操作にだまされないように理解を深めましょう。情報の発信者としては、このような受け手に不誠実な表現を行わないよう、適切な手法を学ぶ必要があります。

Point　統計データにおける作為

サンプル設定
　サンプルの数や偏りが原因で、主張とデータが結びつかない場合があります。極端な例ですが、ウェブアンケートでインターネット利用の有無を尋ねても、世間一般におけるインターネット普及率を調べることはできません。

調査方法
　質問設定や質問のしかたによって、回答を誘導できてしまいます。一方の選択肢のよさや悪さを示して先入観を与えるような質問をしたり、対立する選択肢を選びやすく、あるいは選びにくく設定したりすることで、意図した結果を得やすくすることができます。

論理展開
　実際のデータから確定できない事柄や、データの範囲外の事柄を結びつけて説明することで、誤った主張に説得力を持たせる場合があります。しかし本来、統計データはデータの範囲の結果しか導きません。

視覚表現
　データをグラフに描く際、目盛りを等間隔に取らなかったり、縮尺を調整したりすることで、変化を過剰に大きく（小さく）見せることができます。つまり、視覚的に印象が操作されている場合があります。ほかの例として、割合を円グラフで示す際に3次元グラフで描くと、遠近法の効果により印象が変わってしまいます（ 図3 ）。

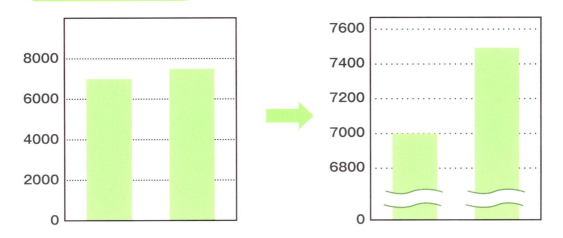

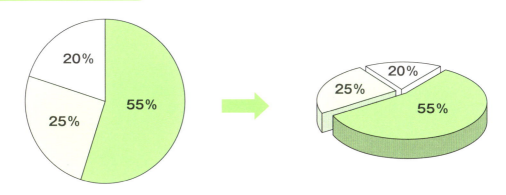

図3 視覚表現による統計データの印象操作

> ### Column どのメディアを信じるべきか
>
> 　ウェブの情報は玉石混淆といいますが、フィルタのかかっていない多種多様な意見を集めるのには、やはり有用なメディアです。マスメディアから得られる情報は一定の信頼はありますが、必ずしも完全ではありません。
>
> 　ウェブは多くの人から即時に情報が発信されるため、今日ではマスメディアにおいてもウェブを情報源とした記事や番組が珍しくありません。逆にマスメディアで取り上げられた内容について、賛否両面からの意見をウェブで見ることもできます。このように、どちらか一方のメディアに偏らずに情報を得ることが大切でしょう。

2-4 画像加工は「ねつ造」?

▶ 手軽になった画像加工

<u>デジタル画像</u>は今日の情報発信における重要な表現形式の1つとなっています。カメラ機能を備えた携帯電話端末や、特にスマートフォンの普及により、日常的に写真を撮影し、メールやSNSを用いて発信するようになっています。

このように、デジタル写真は旧来のフィルムによるアナログ写真と比較し、撮影や共有が手軽であることに加え、スマートフォンなどのコンピュータを使うことで<u>画像加工</u>もしやすくなっています。昨今のスマートフォンにおいては、標準のカメラやアルバムアプリの中に画像加工フィルタ機能が提供されており、<u>同じ被写体を撮影する際でも、フィルタの用い方で大きく印象を変えることができます。</u>

たとえば食べ物であれば画像を明るくし、赤や黄色といった暖色系を強めるとおいしそうに見えます。また、特に人物の撮影に特化したものなど、より高度な画像編集を行うためのアプリが無料・有料を問わずに多数公開されており、ワンタッチで加工することができます。

デジタル画像の編集について考えることで、目先の情報発信力だけでなく、受け手として情報を取捨選択する力もつけることができるでしょう。

▶ メディアにあふれる加工画像

上記のような画像フィルタでは、画像の色調やコントラスト（明暗差）を調整したり、部分的にぼかしたり、色や縮尺を調整したりすることで、写真や被写体の見栄えがよくなるような調整が行われています。

こうした画像の調整は、情報の誇張やねつ造といえるでしょうか？　自らを他者によりよく見せたいという欲求は多くの人が抱くものであり、そのために着飾ったり化粧をしたりすることは、決して他者をだまそうというものではありません。素朴な画像の加工は、いわば化粧のようなものとして、肯定的に考えてよいでしょう。

一方、より高度な画像編集技術を用いることで、実際の被写体にはあり得ない画像を作り出すことも、技術的には可能です。たとえば複数の写真素材から被写体を切り抜き、貼り合わせることで新たな画像を作り出すこともできます。このときは、合成された画像であることをわかりにくくし、自然に見せるというテクニックも使われます。これを悪用すると、前述の「デジタル表現のウソ」や「悪意を持った印象操作」になります。

デジタル画像の編集はコンピュータグラフィックス（CG）と呼ばれる技術です。

アートやエンタテインメントの世界では、高度な研究と応用がされています。ソーシャルメディアの普及は、世に発信される写真そのものの数を増大させましたが、同時にこうしたCG技術の発展・普及と、アプリによる画像加工の簡易化によって、それらのデジタル写真が加工されている可能性も大きくなっています。==見栄えの印象をよくする加工なのか、それとも意図を持って誤った印象を与える加工なのか、情報の受け手も意識する必要があるでしょう==（ 図4 ）。

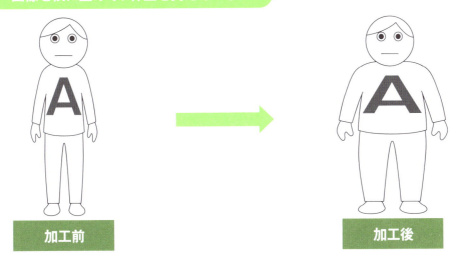

図4　悪意のある画像加工の例

2-5 その書き込みキケンです！① 〜個人情報とプライバシー〜

▶ 情報の発信者として気をつけること

　本章では、ウェブを介した情報の受発信において、表現のしかたや加工のしかたによって、受け手に与える印象を意図的に変えることができる例を紹介してきました。ここまでは情報の受け手の立場から見た危険性について述べてきましたが、ここからは情報の送り手の立場に立つ際に注意すべき事柄に触れていきます。

　ウェブには自由に様々なことを書くことができますが、本当になんでも書いていいのでしょうか？

　問うまでもなく、答えはノーです。犯罪に加担したり、他者に危害を加えたりする投稿はもちろん、先の例のように悪意を持って印象操作をするような情報発信は控えるべきでしょう。道徳的な観点からはもちろんですが、インターネット上での活動は記録されており、悪事は露見するものです。

　ここで注意喚起したいのは、あなた自身が悪意を持っていなくても、自らの情報発信により不利益が生まれる場合があるということです。そのような情報発信には、大きく分けて2つあります。1つは、個人情報やプライバシーに関わる情報など、公知すべきでない情報を発信してしまう場合です。そしてもう1つは、著作権や肖像権など、他者の権利を侵害してしまう場合が挙げられます（後者は次節を参照）。

▶ 個人情報とプライバシーの違い

　個人情報とは、特定の個人に関する情報の中で、その個人を識別できる情報をいいます。たとえば氏名や住所、生年月日などがそれにあたります。**プライバシー**とは、個人の私事や私生活、秘密を指します（表2）。こうした情報をみだりに公開するのは避けるべきです。

表2 個人情報とプライバシーに関わる情報

個人情報	プライバシーに関わる情報
個人を特定できるもの（ほかの情報との照合が容易で、それによって個人を特定できるものも含む） ・氏名 ・連絡先（住所、電話番号など） ・生年月日 ・本人の画像、映像 ・職種、肩書　など	個人の私事や私生活、秘密 ・家族の情報 ・交友関係 ・収入 ・思想 ・趣味　など

▶ 判断の基準は「困った使われ方」をしないか

しかし本書では、これらの情報を一切ウェブ上に公開すべきではない、とまで強く否定する立場は取りません。親しい友人との間で体験を共有するのは楽しいことです。また、スポーツ選手や芸能人、あるいは作家や研究者など、自分自身を売り込むことが求められる職業もたくさんあります。内容に応じたメリットとデメリットを検討して、発信する内容を自ら選んでいく姿勢が大切であろうと思います。

デメリットの例として、女性の写真をその個人の住所に結びつけて公開する危険性はイメージしやすいでしょう。顔や名前はアピールしたい芸能人や著名人でも、住所や交際関係などといった私生活に関わる情報は知られるべきではありません。いろいろな立場の人が情報発信者になるからこそ、それぞれの立場で何は知られてよくて、何は知られるべきではないのかを考えていく必要があります。

ある程度の居住地域を明かすことは、その地域にいるほかの人々と情報交換を行いやすくなるため、一定の利点はあります。しかし住所そのものを公開してしまった場合、旅行に出かけることをSNSに投稿すると、一定の期間留守であることが明らかになり、防犯上の不利益が発生します。これらの**個人的な情報は、発信者がどのような意図を持って発信したかにかかわらず、受け手の「使い方次第」で、利益も不利益も発生する可能性がある**のです。

意図せずに漏れるプライバシー

自ら不必要なことは書かないというのは大切なことですが、意図しなくともプライバシーに関わる情報が漏れてしまう場合もあります。たとえば自宅の窓からの風景に特徴的な建物やお店の看板が写っていれば、自宅を特定できる情報となります。

また、自分が隠していることを他者が漏らしてしまうこともあり得ます。一緒に出かけた人の名前を書いたり、写真を載せたりすることで、その人が自ら出かけた事実を発信しなくとも、ほかの人に知られてしまいます。自身が他者について書く場合には、本当に書いてよいのか考えるべきでしょう。もし自分が書かれたくないことがあれば、あらかじめ伝えておくべきです。

これは、街で見かけた芸能人に対しても同じです。芸能人本人の迷惑はもちろん、ファンや関係者も巻き込んで問題が大きくなる事例はいくつも起きています。

2-6 その書き込みキケンです！② 〜著作権と肖像権〜

▶ 著作権とは？

あらゆる創作物は、その制作者にどう扱うかを決める権利があります。 書籍や音楽、映像、ゲームなどのコンテンツは、それを作った人物が存在します。プロのクリエイターが創作した売り物としてのコンテンツに限らず、あらゆる文章や絵、写真などが著作権の対象です。SNSにおいては気軽な情報発信ができる反面、こうした権利の侵害も起こりやすくなっています。

著作権は大きく分けて、著作物を通して表現された著作者の人格を保護する**「著作者人格権」**と、著作物の利用を許可して使用料を受け取る**「著作権（財産権）」**の2つの権利からなります（図5）。

著作者人格権には、著作者自身が著作物を公表するかどうか決める権利や、著作者の名前を公表するか決める権利、著作物が勝手に改変されない権利が含まれます。著作権（財産権）は、著作物の利用方法ごとに細かく分類されており、著作物の利用を許諾したり禁止する権利です。たとえば著作者に無断でウェブ上にコンテンツを転載したり、勝手に書き換えて公開したりしてはいけません。

▶ 情報化社会の著作権の現実

こう書くと、日常的にウェブやSNSを利用している人は、おや、と思うかもしれません。上記のような約束は、今日のウェブ利用の実態に即していないからです。

音楽や映像コンテンツが許可なく転載されているものについては、違法であることは理解しやすいと思います。これは「海賊版」と呼ばれ、権利者が正規の対価を得る機会を阻害するので、許されるべきではありません。しかしSNSにおいて、マンガの1コマやゲームの画面など、著作物の一部が切り取られ転載されていたり、時には改変されて公開されていたりします。極めて日常的に行われていますが、本当にいけないことなのでしょうか？

法律的にいえば、これらは著作権を侵害しています。するともちろん、やってはいけないことになります。しかしそれだけで話を終わらせてしまっては、情報社会を理解することはできません。

著作者人格権

作品を公表するか、
作者の氏名をどうするかを
決められる

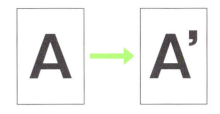

同意なく改変させない
ことができる

著作権（財産権）

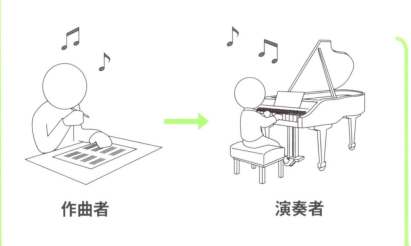

作曲者 → 演奏者

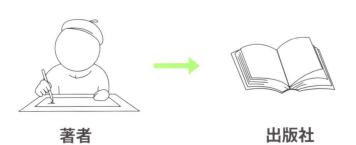

著者 → 出版社

作品の使用を他者に許可して、使用料を得ることができる

図5　著作者人格権と著作権（財産権）

▶ 時代遅れの著作権と著作者の思惑

少々過激な言い方をすると、著作権の制度自体が今日の新しい情報環境に対応できていません。ウェブはあらゆる人が情報の創造に携わることのできる環境です。ユーザが公開された情報をハイパーリンクで組み合わせ、必要に応じて引用、時に改変を行い、コンテンツを作成・公開しています。またウェブ以外にも、同人誌に見られる二次創作（元ネタになる創作物の登場人物や舞台設定を利用して行う創作）も、マンガやアニメ文化を語るうえで避けられないトピックになっています。こうした新しい創作の形に適した制度が求められています。

現在、こうした著作権の侵害行為の一部が黙認されているのは、著作者にとってもメリットがある場合があるからです。たとえばゲーム画面が転載されることで、そのゲームのプレイヤーのコミュニティを盛り立てる効果があるでしょう。それが潜在的な新規顧客への広告となるなど、取り締まるよりもよい効果が期待できるケースもあるのです（当然ながら、著作者が取り締まる方向へ動き、侵害した人の罪が問われるケースもあります）。

何がよくて何がよくないかは著作者自身の考え方にも左右されるため、一律のルール作りは困難です。そこで、著作者自身がコンテンツの利用のルールを示すしくみなども提案されています。

▶ 肖像権とは？

すべての人は、自分の肖像（写真・絵画など）をみだりにとられたり使用されたりしない人格的利益をもちます。これを肖像権といいます。

他者の写真を断りなく公開することは、その人の肖像権を侵害する行為です（図6）。またこうした権利上の問題に加え、プライバシー面でも問題があります。SNSに公開する写真は、そこに写った人の許諾を得たうえで公開すべきです。

SNSにおいては、著名人の写真は一部の著作物と同様に、無断で転載される傾向が見られます。中には広告効果の面からこれを容認する人もいるようですが、対象が著名人といえど、1人の人です。慎重に考えたほうがよいでしょう。また、写真内の主たる被写体以外に、背景への写り込みなどにも十分注意しましょう。

→ 自分で撮影しても、写っている人物に肖像権がある

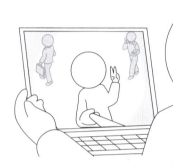

→ 背景に写り込んでいる人物にも肖像権がある

 人物写真を使用する際の注意点

Column フリーソフトウェアとコピーレフト

　コンピュータソフトウェアの世界では、ソフトウェアを相互に共有し、自由に利用・改変し合うことで大きく発展してきた側面もあります。こうした「自由」を維持するために、「フリーソフトウェア」という考え方のもと、ルールが作られてきました。フリーソフトウェアは、ソースコード（ソフトウェアのもとになるプログラムを記述したテキストファイル）そのものを共有すること（オープンソース）で、改変を自由にできるようにして利便性を高めています。その代わり、フリーソフトウェアを改変・利用したソフトウェアもまた、フリーソフトウェアとして公開することを求めました。

　このように、改変や再配布の約束を決めることで自由を維持しようとする考え方が「コピーレフト」です（著作権を意味する英語「コピーライト」のもじりになっています）。これは完全に著作権を放棄する「パブリックドメイン」とは異なり、ルールに従った自由を定めているものです。

　こうしたコピーレフトの考え方を、ソフトウェア以外のコンテンツにも適用する「クリエイティブコモンズ」と呼ばれる運動もあります。

2-7 インターネットでのコミュニケーションで気をつけること

▶ インターネットでのコミュニケーション

　情報の受信と情報の発信、それぞれの立場から注意すべきことを述べてきましたが、コミュニケーションは多くの場合、双方向的なものです。この節では、ウェブ上のコミュニケーションにおいて気をつけることをまとめます。

　まず前提として、相手に対し常識的な敬意を持って接することです。マナーやモラルといってもよいでしょう。「どうせインターネットだけの付き合いだから」「どうせその場限りの付き合いだから」というように、相手を軽視していると、建設的なコミュニケーションは取れません。

　オンラインコミュニケーションにおいては、相互に何者であるかわからないままでやり取りする場合と、自らが何者であるのかを名乗ったうえでやり取りする場合とがあります。日本における掲示板サイトでは、どれが誰なのかわからないままにやり取りを行う、**匿名**的なコミュニケーションが主体です。一方でSNSなどにおいては、自らのユーザアカウントを用いてログインし、名前（本名でなくニックネームなどでもよいが、一貫して個人を示すもの）を明らかにしたうえでやり取りする、**顕名**のコミュニケーションも行われています。

 Point　匿名と顕名のメリット・デメリット

　匿名のコミュニケーションにおいては、自分が何者であるかを明らかにしないぶん、自由に発言をしやすく活発になる反面、ウソが紛れ込みやすく、議論も荒れやすくなります。顕名のコミュニケーションにおいては、相互に一貫した関係を心がけるため、マナーは向上しますが、大胆な発想は控えめになります。

▶ 異常に攻撃的な「フレーミング」

　掲示板のような文章による情報は、直接口から語られた音声と比べ、発話の抑揚やテンポ、強弱などといったニュアンスが欠落します。また、音声でも、映像や対面によるコミュニケーションと比べると、表情や身振り手振りなどの表現が足りません。結果として、1つの発言に含まれる情報量が少なくなってしまいます。言葉のニュアンスや態度が相手に伝わらず、欲求不満を感じやすくなります。

また一方で、文章によるコミュニケーションの場合、直接の対話と異なり、相手を遮ることができません。そのため、勢いに任せて言葉をぶつけやすくなってしまいます。こうしてぶつけられた言葉は、やはりニュアンスが伝わらないため悪い方向に受け止められ、きつい言葉の応酬が起こりやすいといわれています。
　「フレーミング」とは、こうしたインターネットにおけるコミュニケーションに特有の激化した罵り合いを指します。

▶ 収拾のつかない「炎上」

　「炎上」は、さらに特殊なインターネット上の暴力的状況を指します。不用意な発言や失敗などと判断される出来事をきっかけとして、非難が殺到し収拾がつかなくなる状態に陥ることがあります。炎上状態に陥ると、当初の誤りを正すことから目的が逸れ、中には炎上そのものを楽しむユーザも現れ、対象を徹底的に糾弾する流れが作られます。

炎上してしまったらどうする？

　自身が炎上の対象となってしまった場合、どうしたらよいでしょうか。
　まずは原因となった出来事に、自分自身に否がないか、真摯に振り返ってください。誤りがあるならば素直にそれを認め、できるだけ早急に簡潔な謝罪コメントを出すのがよいでしょう。このときに言い訳や反論めいた投稿をすると、余計に非難が強まる恐れがあるため、余計なことは書かずに淡々と謝罪するのがよいでしょう。
　もし自らに誤りがないようであれば、非難に対し誠実に、しかし断固として反論を行っていくか、そうでなければ一切を無視するかが選択肢となるでしょう。反論が適切で筋が通ったものであれば、受け入れられる可能性があります。無視する場合には、「一切の」反応を行わないことが重要です。一部の記事を削除したり、関連する話題に触れたりすると、かえって火に油を注ぐことになります。
　いずれにしても、炎上をおもしろがるユーザの立場に立って、「これ以上おもしろくはならない」ことを示し、相手を飽きさせる対応を取るとよいでしょう。

2-8 ウェブが作る新たな社会

▶ 新たな社会における新たな知識の形

ウェブの普及と進展により、今後ますますコミュニケーションにおけるウェブの役割は重要になってくるでしょう。前述のように、ウェブは現実世界と対になる新たな社会となります。こうした社会における新たな「知識の形」を見てみましょう。

ウェブがそれまでのコミュニケーションメディアと異なるのは、多数の情報、多数の人々が相互に結びつくことです。このこと自体が、新たな価値を生み出しています。ここでは、「集合知」と「群衆の叡智」という2つの考え方を紹介します（ 図7 ）。

▶ 多彩な情報から生まれる「集合知」

集合知とは、多数のユーザがそれぞれに発信した**多数の情報を集めることで、新たに生み出される知**です。たとえばソーシャルブックマークと呼ばれるサービスがあります。これは、ウェブユーザが気になったウェブページをそれぞれにブックマークしていくことができるサービスですが、多数のユーザのブックマークを集めることで、「今どのようなページが注目を集めているのか」といったことが見えてきます。

▶ みんなでアイデアを生む「群衆の叡智」

「3人寄れば文殊の知恵」ということわざがあります。群衆の叡智とは、**多数の人々が知恵を出し合うことによって、価値のある情報を生み出す**ことができるという考え方です。多数のユーザによる共同編集型のウェブ百科事典であるWikipediaは、誰もが自由に記事を書き換えることができます。閲覧した記事に問題があれば直していくことができ、こうして多数のユーザがこのサービスを利用することによって、記事の質を向上させています。

このように、「ウェブが介在して初めて成立する知識の形」が見えるようになってきました。私たちは個々に自由にウェブを利用し、その結果として全体により大きな価値が蓄えられていくのです。

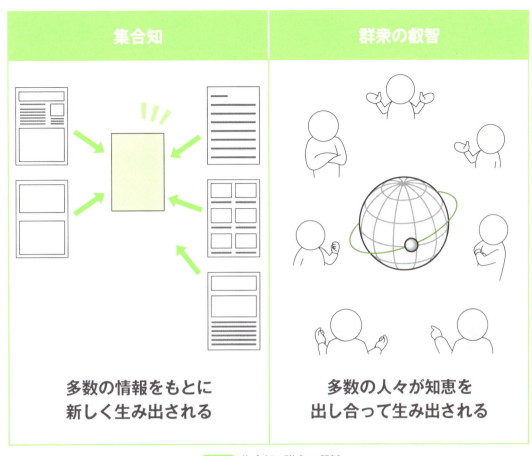

図7　集合知と群衆の叡智

 SNS疲れ

　ウェブはもう1つの社会であり、そこでのコミュニケーションにおいても誠実であることが大切な旨を述べました。しかし一方で、日常をウェブやSNSに囲まれている状況を意識して、常に気を張っているのは疲れるものです。「SNS疲れ」などと呼ばれるこの現象は、最初は楽しんでいたSNSのやり取りに対し、徐々に義務感や苦痛を感じるようになることを指します。

　新しいメディアほどこうしたギャップが目立ってしまいますが、現実の世界でも人に会うのが億劫な日もあるでしょう。どうか無理をしないで、常識的な範囲で手を抜いてください。たとえばメッセージアプリのやり取りにおいては「既読無視」をよくないこととする傾向があり、「すぐに返信しなければならない」ような強迫観念を抱くことがあるかもしれません。しかし、難しいタイミングでは無理に返す必要はありませんし、同じことを相手に求めない寛容さも大切です。

2-9 ウェブ社会を生き抜くために

▶ 情報社会の本質とコミュニケーションの本質

　これまで見てきたように、ウェブにおける情報の受発信には様々な困難があります。しかしそれでもなお、私たちに大きな利益をもたらし、私たちの生きる社会そのものを変革するのがウェブです。はたしてどのようにこのウェブ社会を生きていけばよいでしょうか。本章の内容を整理しながら考えていきます。

　情報の受発信はコミュニケーションの重要な要素であり、伝えたい情報を相手に伝えることがコミュニケーションです。情報発信においては、伝えたいメッセージが相手に届くことが重要となりますが、ここで意識したいのは受け手の立場です。この情報をどのような人に届けるのか、その人はどのような気持ちでこの情報を受け取るのか、しっかり想像することが大切です。

　ウェブはいろいろなユーザが利用するので、多様な立場の受け手が存在します。たまたま興味を同じくして自分の発した情報をそのまま欲している人もいれば、近いけれども少し違う情報を必要とする利用者もいます。悪意を持って炎上しそうな情報を探しているユーザもいるかもしれません。こうした**様々な立場の人が、それぞれどのように受け取るかを想像する**ことで、誤解の少ない情報発信ができるでしょう。

　そして情報を閲覧する際には、送り手の立場を考えるのがポイントです。**なぜそのような表現をしたのか想像する**ことで、その情報に込められた意味を受け止めやすくなるでしょう。

　情報社会の本質がコミュニケーションだとして、ではコミュニケーションの本質はというと、やはり相手の立場を理解することに尽きるでしょう。

やってみよう! ……… 好きなものを紹介する文章を公開してみよう

　本章の序盤に書いた好きなものを紹介する文章を、ここまでの内容をふまえて問題がないか確認しましょう。誰かを傷つけないか、自身の個人情報が含まれていないか、著作権など他者の権利を侵害していないか、考えてみてください。

　また他人の投稿を読んで、よいもの、悪いものがあったかもしれません。それを参考に文章を改善してください。そのうえで、もしよければ、それをハッシュタグ「#情報社会の授業好きなもの」をつけてTwitterやFacebookに投稿してみてください。その投稿が、これからこの本を手にする読者のためになります。

第 **3** 章

知っておくべき 「情報活用」 のしくみ

ねらい

▶情報の特性について知ります

▶デジタルデータのしくみを理解します

▶コンピュータのしくみを理解します

前章までは、主に利用者の視点から今日的なメディア利用、特にコミュニケーションのしくみについて説明しました。本章ではこれらを支える情報技術の基礎を整理し、情報活用への理解を深めていきましょう。

3-1 情報化された世界と人の営み

▶ 情報と社会の関係

今日の社会を**情報化社会**と呼びますが、それはどういう意味なのでしょうか。

情報とは、辞書的にいえば、物事や事情についての「知らせ」のことです。太古の昔、私たち人間が言語を発明し、相互にコミュニケーションを取る手段を得たときから、生存のために獲物や外敵の情報の伝達が必要でした。その意味においてそもそも、複数の人間が共同で生きる「社会」という形態には、情報を伝達し合うこと、すなわちコミュニケーションが前提にあります。

▶ 情報と社会の歴史

日本語としての「情報」という語は、明治時代に「敵情を報知する」という意味で用いられたのが最初であり、戦時に刻々と変化する状況を知ることの重要性が現れたといえるでしょう。古くはのろしのように、素早く状況を伝えるための通信技術は、第一次、第二次の大戦中も軍事力の大きな部分を占める要素となりました。同時に、ラジオや新聞といったマスメディアを通じて国民世論を形成することの重要性も認識され、何を伝え、何を伝えないのかといった情報操作も行われました。ここに至って情報というのは、単に生物として生存するために必要であるばかりか、社会において他者より有利に振る舞うためにも、大きな影響を持つ要素となったといえます。

戦後にテレビが普及し、軍事目的ではない、より生活に寄り添った情報発信が行われるようになりました。この頃から、**メディアを通じて得られる情報は人々の意思決定にも大きく寄与する**ようになっています。

このように、情報自体は以前より社会を支えていましたが、今日では**情報そのものが物品同様に価値を持つ商品**とみなされ、流通する社会となりました。特にこのような社会を情報化社会と呼びます。

▶ 今日の情報メディアと社会

 **メディアとは？**

情報は、人から人へ伝えられる際に、「メディア」によって仲立ちされます。相互の間で意思疎通を行うための語彙や文法、それを表す音声や文字というように、言語は最も根源的なメディアです。

またこうして言葉で表現された情報は、話し言葉であればその音声を伝えるのもメディアが担います。糸電話、電話、無線などの通信経路や、カセットテープやレコード、ICレコーダー、パソコンの音声ファイルなどといった記録媒体を経由します。書き言葉でも、古くは壁画や石碑から、紙への手書き、活版印刷、電信技術、そして今日のようなデジタルメディアを介しての通信と、やはりメディアの発展を通じてその様態も変化してきました（図1）。

新聞、書籍、雑誌、放送などのマスメディアによる一対多の情報伝達が主流だった時代を経て、現在ではコンピュータのネットワークを介し、一対一で個人が所持する端末同士で情報がやり取りされるようになりました。

いつでもどこでも情報機器を用いて情報を管理し、受発信できる現在の社会は、物品の流通の際にも同時に情報がやり取りされています。この意味でモノと同等というより、モノ以上に情報の価値が高まっているという言い方もできるかもしれません。

図1 メディアの変遷

3-2 情報の性質と問題点

▶ データ・情報・知識

　一般語としての「情報」については前節で触れましたが、コンピュータと人間の関わりの中であらためて整理してみましょう。

　情報によく似た使われ方をする語に、「データ」や「知識」という言葉があります。**データは、事象に対する客観的な事実**を表します。たとえば、あるものの値段を示す数値はデータです。**データの意味的な内容を読み取ったものが情報**であり、その値段が高いとか安いとかいうような価値を表します。**知識とは、情報がまとまって体系化され、一般化されたり抽象化されたりしたもの**です。「ほかの店舗と比較して高い（安い）」といったことや、それを受けて「今ならお買い得だ」といった高度な価値判断や意思決定は、知識といえるでしょう。

　コンピュータにおいて情報を扱う視点から考えると、後述するとおりコンピュータ上で扱われるのは0と1のビット列からなるデータです。このデータをユーザが解釈し、意味を読み取ることで、情報としての価値を持つという言い方もできるでしょう。

▶ 情報とモノの経済

　前述のように、情報はデータとしてコンピュータやその他の情報機器上で扱われ、あるいは通信に乗せて送受信されます。このこと自体が、情報の本質的な特性を表しています。

　情報は、しばしばモノと比較されます（ 表1 ）。素朴な考え方として、企業の扱う商品はモノとしての形を持ち、消費者はそのモノに対価を払うという経済の構図は、理解しやすいと思います。このモノを消費者に届けるために、生産工場があり、それを各地の店舗や消費者のもとへ配送する流通網があります。情報化社会である今日においても、こうした物品の経済は私たちの生活において欠かすことはできません。

　一方で「情報の経済」は、この考え方で捉えることのできない部分が多くあります。まず情報は、メディアを介して複製をすることが可能です。モノは1個の物体であることで機能や価値を持ちますが、**情報はそのものが機能や価値を持っています。** 形はCD-ROMでも添付ファイルでもよく、データ自体をコピーすることができます。ソフトウェアや動画、音楽のようなコンテンツ商品をコンピュータ上のファイルとして扱うことにより、インターネットを介したダウンロード販売のような流通面のコストの削減幅は極めて大きいといえます。また製造後に即時に消費者のもとへ届けるリアルタイム性にも優れています。

これらは根本的にモノの経済と異なる部分です。販売するためのコンピュータやネットワークを用意する必要はありますが、そのことによって製品を製造し箱詰めして運送する必要がなく、瞬時に、同時に消費者のもとへ届けることができます。しかしこれは、メリットであると同時にデメリットでもあります。すなわち前章で述べたような、違法コピー（海賊版）の存在が致命的になりえます。

表1 モノと情報の比較

	特徴	メリット	デメリット
モノ	物体であることが機能や価値を持つ	● それだけで使うことができる ● 金銭的価値がわかりやすい	● 専用設備や専門的技能がないと複製できない ● 流通にコストがかかる
情報	形はないが、そのものに機能や価値がある	● 複製が容易 ● 流通にかかるコストが少ない	● 違法にコピーされやすい ● 金銭的価値を判断しにくい

Column　モノからコトへ

　モノの経済から情報の経済への変化と重なるようにして、別の観点から今日の消費動向を説明するキーワードとして、「『モノ』の消費から『コト』の消費へ」といった言い方があります。これは商品やサービスの機能を所有することに価値を置く時代から、商品・サービスを通じて得られる経験に価値を見出す時代へと変化してきたことを表します。

　たとえば製造業から、旅行やレジャー、美容や習い事などのようなサービス業への重心のシフトがあります。また、同じモノの消費でも、それを使ってユーザが何を体験するのか、というコトを含めて商品化していく視点が重視されるようになっています。

　ここには、本節で述べたような「物質に対してのデータ化」という意味での情報化よりも広い意味の情報化があります。消費者が体験するコトへの変化というのも、やはり情報化の表れと見ることができるでしょう。

3-3 「デジタル」とはどういうこと?

▶ アナログとデジタル

本書でも当たり前のように「デジタル」という言葉を使っていますが、そもそもデジタルとは一体何なのでしょうか。ここで対になる概念は、アナログです。

実世界における情報は多くの場合、連続的に変化します。これを連続的な尺度を用いて測り、表現するのがアナログな情報表現です。例を挙げると、時間の変化を針の角度で表現する時計や、温度の変化を液体の熱膨張によって計る温度計が代表的です。

これに対してデジタルというのは、離散的（とびとび）な値によって情報を表現する方法です。実世界における情報は、時間や距離などのように連続的な量であることが多いですが、こうしたアナログ量を離散的な値で近似して表すこと（このことを量子化と呼びます）によりデジタルで表します。つまり、針の目盛りは0から順に増えていきますが（アナログ）、数字で表すとその値がピンポイントで示される（デジタル）、といったイメージです（表2）。

表2 アナログとデジタル

	表現方法	特徴
アナログ	針の位置や液体の増減などで、連続的に値の変化を示す	見た目でおおよその値がわかる（感覚的に捉えられる）
デジタル	数字を表示して、ピンポイントの値を示す	正確な値がわかる

▶ 情報理論とデジタル化技術の誕生

コンピュータにおいて情報を扱うための理論的な枠組みを作った重要人物の1人が、数学者のクロード・シャノンです。1948年の論文「通信の数学的理論」において、**情報理論**と呼ばれる理論を提示しました。

彼はエントロピーという概念を導入し、事象の起こる確率から**情報量**を定義しました。起こる確率の低い事象ほど聞く人にとっては驚くべき内容であり「情報量が多い」、逆に頻繁に起こる事象は聞いても驚かないため「情報量が少ない」と考えることができます。これに数学的な理論づけを行ったものが情報理論です。

また、シャノンはアナログデータをデジタルデータに変換する際の方法についても数学的証明を与え、データのデジタル化技術の基礎を作りました。こうした理論にもとづき実世界のアナログ情報は量子化され、デジタルデータとしてコンピュータで扱われるのです。

▶ デジタルコンピュータとデジタルデータ

コンピュータとは、日本語では計算機という意味ですが、今では数値の計算に限らず、様々なデータの処理を行う機械を指します。計算処理の補助にあたっては、歴史的にはそろばんや計算尺といった道具が使われてきましたが、これらも電気を用いない計算機（器）といえるでしょう。ちなみにそろばんは紀元前より存在しますが、数値を珠に対応づけて表現し計算を行います。珠は数え上げられる離散的な値を表現するので、そろばんもデジタル計算機といえます。

現在一般的なデジタルコンピュータにおいては、電気的な信号を0と1の2値に対応づけてデータを表現し、処理を実現します。根幹として利用される2進数については次節にて説明します。

前述のように、デジタルデータの最大の特徴は、データの複製が容易であることでしょう。アナログな表現においても印刷技術や録画録音技術などを用いて情報を複製することは可能です。ただしアナログな表現をアナログに複製すると、どうしても雑音や誤差などのノイズが入り、情報は劣化します。しかしデジタルデータであれば、つまり同一の数値列を複製するのであれば、**劣化することなく同一の情報を複製できます。** さらには同一コンピュータ上のみならず、通信を介して遠隔地にある別のコンピュータ上にも複製することができるのです。

正確には、アナログ表現を量子化する際に起こる誤差や、通信時に入り込むノイズなどはあり得ますが、データそのものが劣化するということはありません（データの圧縮が行われた場合は、正確な複製ではないので、表現そのものに劣化が見られることがあります）。このように劣化なく、大量に複製することができるからこそ、ウェブならではの情報の受発信が成り立つのです。

3-4 データはすべて0と1でできている

▶ 2進数とは？

先に述べたとおり、今日のコンピュータにおいては、デジタルデータを電気的な信号（0と1の2値）に対応づけて表現しています。このため、デジタルデータはコンピュータの内部においては**2進数**を用いて表現されます。

2進数とは、数字の表記の方法の1つです。私たちが日常的に書く数字は10進数といって、各桁0〜9の10個の数字を使って書き、ある桁が9の次に大きくなると桁が1つ上がります。このように各桁が10を単位（基数といいます）として表されています。同じように、2を基数として、0と1の2種類の数字を使って数字を表現したものが2進数です。

Point　10進数と2進数の表記法

10進数では、n桁目は10の(n−1)乗の位を表します。1桁目は1の位、2桁目は10の位、3桁目は10^2＝100の位、といった具合です。同じことを、2を基数として行うのが2進法であり、2進法で書いた数字が2進数です。2進数の2桁目は2の位、3桁目は2^2＝4の位、3桁目は2^3＝8の位です（ 図2 ）。表記をする際には、10進数と区別するために最後にbをつけることがあります。

10進数の765

10^2の位	10^1の位	10^0の位
7	6	5

$7 × 10^2 + 6 × 10^1 + 5 × 10^0 = 7 × 100 + 6 × 10 + 5 × 1 = 765$

2進数の1011b

2^3の位	2^2の位	2^1の位	2^0の位
1	0	1	1

$1 × 2^3 + 0 × 2^2 + 1 × 2^1 + 1 × 2^0 = 1 × 8 + 0 × 4 + 1 × 2 + 1 × 1 = 11$（10進法）

図2　2進数と10進数

> **やってみよう！** 　　　**2進法を使って指折りで数を数えよう**

指折りで数を数える際、指1本を1と数えて両手で10までを数えるのが一般的でしょう。しかし、指1本を1ビットとして2進法を使って数えれば、両手で10ビット、すなわち0から1023までを数えることができます（図3）。

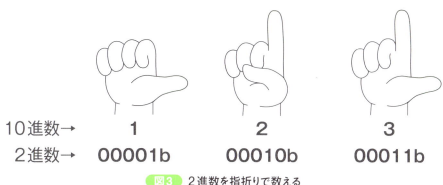

図3　2進数を指折りで数える

▶ ビットとバイト

このように2進法を用いることで、0と1だけで大きな数字を表現することができます。逆に、1桁あれば2種類の状態を表現することができるといえます。つまりコンピュータ上でのデータの最小単位は、0か1かの1桁の値です。この最小単位を**ビット（bit）**といいます。

原理的には2進数の桁を増やせば増やしただけ大きな値を表現できますが、扱いやすいように一定の桁ごとに区切って基本単位とすることになっています。**バイト（byte）**という単位は、8ビットの値、すなわち2進数で00000000bから11111111bまでの8桁の値を表現することができます（2進数では8桁で256種類の値を表現できます）。

コンピュータにおけるデータのサイズを表現する際にも、バイトは用いられています。今日ではコンピュータが扱うデータのサイズが大きくなり、8桁を1単位としても桁が大きくなりやすくなっています。こうした数字にはよく、「キロ」や「メガ」をつけた単位を用います。1000メートルを1キロメートルと表すのと同様です。

データサイズの単位

10進数では、キロやメガは1000の単位です。しかし、コンピュータにおいては、内部的には2進数によって情報が表現されているため、1KB（キロバイト）＝1000バイトではなく、$2^{10}=1024$バイトを表します（）。これは、2進数のデータを一度10進数に直して1000ごとに計算し直すよりも都合がいいからです。

表3 データサイズの単位

単位	読み方	2進数	等価
KB	キロバイト	2^{10}	1,024 B
MB	メガバイト	2^{20}	1,024 KB = 1,048,576 B
GB	ギガバイト	2^{30}	1,024 MB = 1,073,741,824 B
TB	テラバイト	2^{40}	1,024 GB = 1,099,511,627,776 B
PB	ペタバイト	2^{50}	1,024 TB = 1,125,899,906,842,624 B

Column　電気信号での0、1の表現

0、1のデータ列は、コンピュータ内部を流れる電気信号を用いて表現しています。より具体的には、コンピュータに流す電気の電圧が高いところを1、低いところを0に対応づけます。

▶ 16進数

コンピュータ内部では2進数によって数値を扱いますが、これをそのまま表記すると桁数が大きくなり、わかりにくくなってしまいます。そこで**4ビットをひとまとまりにして区切り、データを表現する**方法がよく使われています。

4ビットでは、2進数で0000b～1111b、すなわち10進数で0～15までを1桁とします。つまり16で桁が繰り上がります。先の説明に従っていえば、16を基数とした表現、すなわち**16進数**です。アラビア数字では文字が0～9の10種類しかないので、10がA、11がBと順にアルファベットに置き換え、15を表すFまであります。

16進数を使えば、たとえば8ビットの値をちょうど2桁で書くことができます。16進数を区別して表記する際には、最初に0xをつけたり最後にhをつけたりします。

例）
1011b ＝ 11 ＝ 0xB
10110010b ＝ 178 ＝ 0xB2

Column 論理演算と論理回路

コンピュータで行う処理を細分化していくと、0、1のデータ列を規則に従って変換する操作が高度に組み合わされています。こうした細かな処理の要素となるのが論理演算です。論理演算とは、真（true、1）と偽（false、0）からなる真偽値を組み合わせて、全体の真偽値を求める計算です。

代表的な論理演算には論理積（AND）や論理和（OR）、否定（NOT）があります。それぞれ表に示すように、1つあるいは2つの入力に対して、出力を得ます（図4）。

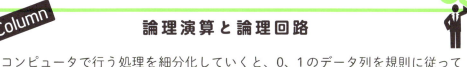

AND

入力1	入力2	出力
0	0	0
0	1	0
1	0	0
1	1	1

OR

入力1	入力2	出力
0	0	0
0	1	1
1	0	1
1	1	1

NOT

入力	出力
0	1
1	0

図4　論理演算の入出力

こうした論理演算を行う、論理回路と呼ばれる電気回路があります。論理回路では、入力の電気信号を、論理演算と等価になるように変換して出力をします。たとえばANDゲートと呼ばれる論理回路では、2つの入力電圧が両方高いときにのみ高い電圧を出力します。それ以外のどちらか、あるいは両方の入力電圧が低い組み合わせでは、低い電圧が出力されます（図5）。

入力1	入力2	出力
低	低	低
低	高	低
高	低	低
高	高	高

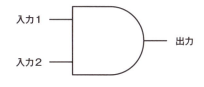

図5　論理回路（ANDゲート）の入出力

コンピュータの演算装置は、こうした論理演算を行う回路が高度に組み合わされて作られています。

3-5 デジタルメディアの種類

▶ 記録メディア

　デジタルデータを扱うメディアには、大きく分類して、情報を**記録するためのメディア**と、**伝送するためのメディア**があります。いずれも技術の進展に伴って大容量化、高速化が進んでいます。記録メディアは、データの保存に用いるしくみから、大きく 図6 のように分類されます。

　磁気テープは、粉末状の磁性体（磁気を帯びることができる物質）をテープ状のフィルムに塗布した記録メディアで、磁気の変化を用いてデータを記録します。以前はアナログメディアとして、音声を記録するカセットテープや映像を記録するビデオテープが広く家庭でも用いられていましたが、デジタルメディアとしても古くから用いられました。

　磁気ディスクは、磁性体を円盤状のフィルムやディスクに塗布、あるいは蒸着してデータの記録に用いるメディアで、代表的なものにフロッピーディスクや**ハードディスク**があります。フロッピーディスクはパソコンの普及期に広く用いられたので、一定以上の世代には見たことのある人も多いでしょう。これは着脱可能なメディアで、ディスクを取り替えて使うことができます。ハードディスクは今日でも一般的に用いられています。ただし、こちらはディスクをドライブから取り外すことはできず、基本的にはコンピュータに内蔵されています。

　光学ディスクは、CD、DVD、Blu-rayのように、光の反射を用いてデータの保存を行う記録メディアです。これらはデータの記録の規格が異なり、その特性により保存容量などに違いがあります。また同じ規格を用いても、あらかじめ工場でデータが書き込まれているものと、ユーザが自らデータを書き込むことができるものに分類されます。書き込み可能なものでも、一度だけ書き込めるもの、何度も読み書きできるものなどと種類が分かれており、これらはCD-ROM（読み込み専用）、CD-R（一度だけ書き込みできる）、CD-RW（何度も読み書きできる）というように名づけられています。

　フラッシュメモリは記録領域に半導体を用いたメモリで、方式により大きく2種類があります。これらはUSBメモリやメモリカードのようなコンパクトで移動可能な媒体に使用されたり、読み書きの高速性を活かしたSSDなどに応用されたりしています。

　このように、記録メディアには交換や移動のしやすいものと、移動を前提としないものがあり、利用シーンに違いがあります。

磁気テープ

磁気ディスク

光学ディスク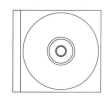

フラッシュメモリ

図6 様々な記録メディア

▶ 通信メディア

　デジタルデータの通信では、0、1のデータをほかの信号に変換して伝送します。現在のコンピュータの内部においては、基本的に電気信号を用いて情報を処理していますが、0、1の状態を音声や光の信号に乗せることもでき、こうした技術を活用してコンピュータ間の通信が実現されています。

　通信メディアは接続の形態と用いる信号から分類されます。接続の形態としては有線と無線とに分けられます。また信号としては、電気や電波のほか、光や音波などが用いられます。通信のしくみについては、第4章にて詳述します。

3-6 文字も数字から変換される

▶ 文字列のエンコード

現代のコンピュータでは数値データのほかに、文字列や画像、音声や動画など、いろいろな情報が扱われます。こうした多様な情報を0、1からなるデジタルデータの符号に変換する処理を**エンコード（符号化）**といいます。またエンコードされた符号から情報を元に戻すことを**デコード（復号）**といいます。

エンコードとデコードにおいては、複雑な情報と0、1のデータ列をどのように相互に対応づけるかのルールを定めておきます。例として、英文の文字列で考えてみましょう。

英文のアルファベットは26文字あり、大文字と小文字を考慮すると52文字です。このほかに数字や記号などを加えると、6ビット＝64通りでは少し足りませんが、7ビットあれば表現可能です。たとえば、A＝65（1000001b）、B＝66（1000010b）などと対応を決めておけば、0、1の列を7桁ずつ区切り、この対応表にもとづいて変換することができます。これが文字コードの考え方です。

ASCIIコード

7ビットでアルファベットを表現する代表的なコード体系にASCII（American Standard Code for Information Interchange）があります（表4）。今日利用されている多くの文字コードはASCIIコードを拡張したものです。

▶ 文字列エンコード方式と文字化け

日本語を変換する場合、問題は少し複雑になります。英文とは異なり8ビットには収まらないくらいの文字数があるためです。そこで、コンピュータで日本語を扱うために、1文字に2バイト使うコード体系がいくつか考案されました。2バイト＝16ビットあれば、およそ6万5千文字を扱うことができます。EUC-JPやJIS、Shift-JISなどのエンコード方式が現在でも利用されています。

Point 文字化けはなぜ起きる?

　同じ日本語文字列でも、使用する文字コードが異なると、異なったデータ列によって表現されます。ウェブサイトを閲覧している際に、いわゆる「文字化け」と呼ばれる、意味のわからない文字列が表示されることがあります。これは記述した際の文字コードと、読む際の文字コードが異なっているために、意図しない文字列が表示されてしまう現象です。記述した際の文字コードに合わせてデータを読み込み直すことで、正しく読むことができる場合があります。

▶ 文字化け以外の問題とその対処

　文字化けのほかにも、まだまだ問題は尽きません。日本語であれば6万字あれば漢字も含めて表現することはできますが、日本語以外の文字を一緒に書くことを考えると足りません。各言語圏の都合でそれぞれに文字コードの体系を決めると、1つの文書に複数の言語を共存させることが難しくなってしまうという問題もあるため、1つのコード体系で各言語すべての文字を表現しようという動きが出ました。これが**Unicode（ユニコード）**です。Unicodeに含まれる文字は16ビットでは足りないため、実際の0、1のビット列にエンコードする際にいくつかの方式に分かれ、UTF-8やUTF-16などのバリエーションが生まれています。

表4　ASCIIコード表

下位4ビット \ 上位4ビット		0 0000	1 0001	2 0010	3 0011	4 0100	5 0101	6 0110	7 0111
0	0000	制御文字 (通常の文字は 割り当てない)		(空白)	0	@	P	`	p
1	0001			!	1	A	Q	a	q
2	0010			"	2	B	R	b	r
3	0011			#	3	C	S	c	s
4	0100			$	4	D	T	d	t
5	0101			%	5	E	U	e	u
6	0110			&	6	F	V	f	v
7	0111			'	7	G	W	g	w
8	1000			(	8	H	X	h	x
9	1001			)	9	I	Y	i	y
A	1010			*	:	J	Z	j	z
B	1011			+	;	K	[	k	{
C	1100			,	<	L	\	l	|
D	1101			-	=	M	]	m	}
E	1110			.	>	N	^	n	~
F	1111			/	?	O	_	o	

3-7 コンピュータが音楽を表現できるしくみ

▶ 音声情報は音の波

　前節では、テキストデータについて、情報をビット列で表現する手法を紹介しました。では、音楽（音声）ファイルや写真などの画像ファイルはどうなっているのでしょうか。まず音声ファイルからその原理を見てみましょう。

　音声や写真は文字と異なり、決まった数の記号から成り立つものではありません。音声は音波という空気の波であり、耳を通して知覚され、脳で解釈されます。音波は連続的に変化する空気の振動なので、アナログな情報です。

　高周波数の音波ほど高い音になり、低い音の周波数は低くなります。波の振幅が大きいほど音は大きく聴こえ、振幅の小さい波は小さな音になります。実際の自然な音は、多数の周波数の音が混ざり合った複雑な形状の波をしています（ 図7 ）。

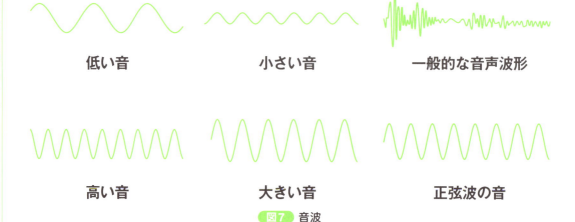

 音波

Column　音声合成

　機械で音声を作り出す「音声合成」という技術があります。最近では言葉を話すロボットを見かけるようになりました。古くから研究されているため様々な方法がありますが、人が録音した音声をつなぎ合わせる方法がよく用いられています。つなぐ際には、音の波形を調節して自然に聞こえるように工夫されています。

▶ 標本化と量子化

音声をデジタルデータとして扱うためには、このような連続的な信号情報を、数値による離散的（とびとび）な情報に変換する必要があります。

標本化（サンプリング） とは、連続的な信号に対し、一定の間隔で値を測定することで、非連続な値の列を取り出すことです。また **量子化** は、標本化された値を、基準点にもとづき測定して数値化し、離散的な値の列として集めることです。

ここでどのくらい元の音声を正確に再現できるかは、標本化と量子化の細かさによって決定されます。 図8 を使って説明しましょう。

左図の波は、音波を表しています。波の上には、一定の間隔で標本化を行った点があります。そして2本の折れ線は、標本化の間隔を2倍にした場合に、元の波に対して誤差が大きくなる様子を示しています。点をすべて結んだ折れ線は元の波に近い形をしていますが、間隔を2倍にしたほうはずいぶん形が異なります。標本化を行う際のこの間隔のことを **サンプリングレート** といいます。

また右の図は、標本化された値を量子化する際に、軸に示す目盛りの細かさによって、実際の値から誤差が出る様子を示しています。どのくらいの細かさで量子化を行うかの尺度を、**量子化レベル数** といいます。

サンプリングレートを高く（間隔を狭く）することで、標本化の際の情報の欠落を減らすことができます。しかしそのぶん、単位時間あたりの測定値の個数が増えるため、データサイズは大きくなります。量子化レベル数を大きく（目盛りを細かく）することで、値の測定誤差を小さくすることができます。しかし、こちらも各測定値に必要なビット数が大きくなるため、データサイズが増加します。

音声はこうして標本化と量子化がされたデジタルデータとして記録し、再生時にはデータを元に音声を再現しています。

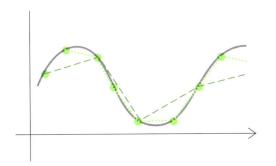 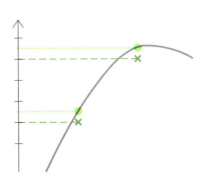

図8 標本化と量子化

3-8 コンピュータが写真や動画を表現できるしくみ

▶ 画質を決める解像度

次に写真などのデジタル画像の場合を考えてみましょう。デジタル画像は、1粒1粒のドット（**ピクセル**ともいいます）を細かに敷き詰めることで、全体の図像として表現します（図9）。画像データの精細さを表す概念には、**解像度**と**色深度**の2つがあります。

画像の解像度とは、実世界における一定幅を何ドットで表現するかということです。一般的に解像度といったときには、その画像の印刷時や表示時のサイズに対して、どのくらい粒がきめ細かいかを表しますが、カメラでの撮影やスキャナを用いた取り込みにおいても解像度の概念は重要です。

1ドットはそれ以上分解できない1粒を表すので、画像を拡大して粒が見えた場合、それ以上に拡大して詳細を見ることはできません。表示ソフトによっては周囲の粒と境界をぼかして、なめらかに見せてくれるものもありますが、音声におけるサンプリング漏れと同様に、写っていないものは表示できません。

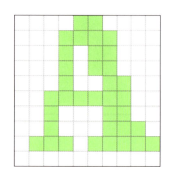
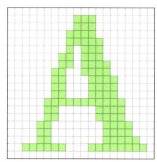
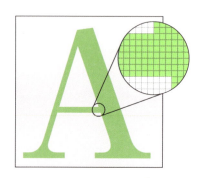

解像度が低い　　　　　　　　　　　　　　　解像度が高い

図9 解像度で画質が変わる

▶ 色深度と光の3原色

　もう1つ知っておきたい概念は色深度です。色深度とは、1ドットに何ビットの情報を持たせるかを表します。これは音声ファイルの量子化レベル数にあたります。

　たとえば1ドットが1ビットの場合、ドットが塗られているかいないかのモノクロ画像（表示する機械にもよるが、通常は白と黒）になります。2ビットならば4色、3ビットならば8色というように、**色深度が高くなるにつれ塗り分けできる色数が増え**、8ビットあれば256色の表現ができます。現在のパソコンやスマートフォンで日常的に用いている画像は24ビットで、およそ1677万色の表現が可能な「**トゥルーカラー**」と呼ばれる方式が多くなっています。

　トゥルーカラーにおいては、「赤、緑、青」の3色に8ビットずつを割り当てます。これはこの3色が**光の3原色**であり、画面に表示されるあらゆる色は、これらを混ぜることで表現できるためです。

▶ 動画ファイル

　最後に動画データのしくみについて説明します。動画は、時間的に変化する画像と、音声の組み合わせからなります。動画の中の1枚1枚の画像を**フレーム**と呼び、1秒あたりのコマ数を**フレームレート**といいますが、これはサンプリングレートと同様のものです。

　フレームレートが高いほど動画はなめらかに動いて見え、低いと動画がカクついて見えることがあります。テレビ放送に用いられているフレームレートは30fps（frame per second：1秒ごとのフレーム数）、映画では24fpsが用いられています。

Column 「光の3原色」と「色の3原色」の違い

　3原色といったとき、美術の授業で習った「青、赤、黄」を思い浮かべる人も多いかと思います（色の3原色）。絵の具は白地にこの3色を混ぜ合わせて塗ることで複雑な色を表現し、すべてを混ぜると黒くなります。ところが光の場合には、何も光っていない状態が黒で、赤、緑、青をすべて混ぜると白い光になります。

　光は足していくことで色を表現するので加法混色、対してインクのように混ぜるほど色がなくなる表現を減法混色といいます。減法混色においては、より厳密にはシアン（青に近い）、マゼンタ（赤に近い）、イエローが原色となっており、実際の印刷においてはこの3色のインクと、黒の発色をよくするために別途黒のインクを用いたCMYKという色モデルが用いられています。

3-9 コンピュータのしくみ

▶ コンピュータが動く原理

ここからは、コンピュータがどのような原理で動作するのかを説明します。計算機科学の分野では、一般的にコンピュータは 図10 のように5つの装置から構成されるとしています。

コンピュータの5大装置

❶入力装置

外部からコンピュータにデータを入力する装置です。キーボードやマウスなどがあります。

❷記憶装置

主記憶装置と補助記憶装置に分類されます。主記憶装置は、制御装置や演算装置で利用されるデータを一時的に格納するもので、メインメモリと呼ばれます。補助記憶装置は、主記憶装置の不足を補うものです。ハードディスクドライブや光学ディスクドライブ（CD-ROM、DVD-ROMなど）があります。

❸制御装置

主記憶装置に格納されているプログラムの命令に従って、ほかの装置を制御します。

❹演算装置

データ処理に関する演算を行う装置です。演算に用いるデータは主記憶装置から取り出され、演算の結果は再び主記憶装置に格納されます。今日のコンピュータにおいては、制御装置と演算装置は一体の部品として製造されることが多く、これらをまとめてCPU（中央処理装置）と呼びます。

❺出力装置

主記憶装置に格納されているデータを外部に出力する装置です。ディスプレイやプリンタなどがあります。

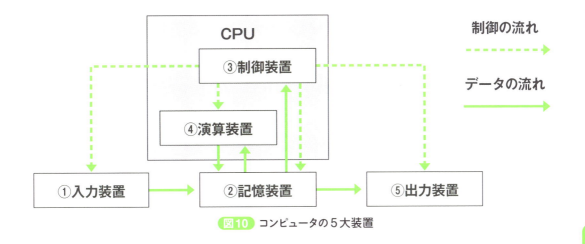

図10 コンピュータの5大装置

▶ コンピュータが動くしくみ「プログラム内蔵方式」

　初期のコンピュータから現在に至るまで、動作のしくみとして主流の方式が**プログラム内蔵方式**（ストアドプログラム方式）と呼ばれるものです。これは演算装置が主記憶装置にあるプログラムを実行することで、動作するという方式です。プログラム内蔵方式では、プログラムそのものもデータとして記憶装置に格納されるため、事後的にプログラムを書き換えることができます。

　別の方式として、ハードウェアを物理的に接続して命令を実行するものもあります。一部のCPUにおいては部分的にこの方式を取り入れることで、性能向上を図っています。

▶ コンピュータの心臓部「CPU」

　CPU（中央処理装置。**プロセッサ**ともいいます）は、コンピュータにおけるあらゆる処理を行う装置であり、まさに心臓部といえます。

　このような役割を持っているため、当然ながらCPUの性能がコンピュータの性能の良し悪しを決めるといっても過言ではありません。

3-10 プログラムが動作するしくみ

▶ CPUへの命令は機械語で

前節では、コンピュータのハードウェア面からそのしくみを説明しました。ここでは、それらの装置を使ってどのようにユーザに機能を提供するのか、つまりプログラムが動作するしくみを説明します。

まずコンピュータを思いどおりに動作させるには、CPUに適切な指示を与えなくてはなりません。**機械語**はCPUが直接実行できる命令（人間が理解できない機械主体の言語）であり、これを人間が直接作ることはほとんどありません。

▶ 人間とコンピュータをつなぐプログラミング言語

プログラミング言語はプログラムを記述するための人工言語であり、様々な特徴を持ったものが存在します。機械語と異なり、人間の思考に沿って処理の手順（**アルゴリズム**といいます）を記述できるようにしたものです。

記述されたプログラムは、CPUが実行できる機械語の命令に変換され、それによりコンピュータが動作します。プログラム全体を機械語に事前に変換し、直接実行可能なプログラムを生成することをコンパイルといい、コンパイルを行うソフトウェアを**コンパイラ**といいます。

また、プログラミング言語で記述された命令をその場で解釈して直接命令を与えるソフトウェアを**インタプリタ**といいます（図11）。プログラムを記述し実行するには、そのプログラミング言語に対応したコンパイラかインタプリタが必要です。

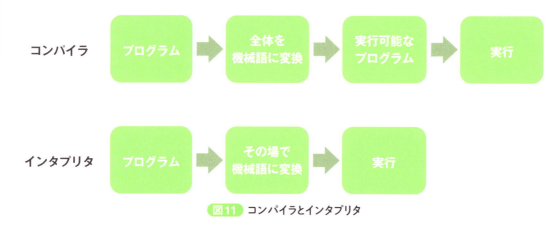

図11 コンパイラとインタプリタ

▶ コンピュータとソフトをつなぐOS

OS（オペレーティングシステム）は、コンピュータに必要な機能をまとめた基本ソフトウェアです。プログラム、ファイル、通信などを管理・制御する機能に加え、ユーザインタフェースに関わる機能も提供します。

コンピュータを利用するための基本的で重要な役割をOSが担い、OSの上でユーザが個別のアプリケーションソフトウェアを利用するイメージです（図12）。OSはコンピュータ本体とソフトウェアをつなぐ役割をするといえます。

パソコンやスマートフォン向けなど、コンピュータや目的に応じていくつかのOSがあります。パソコン用のOSではMicrosoftのWindowsやAppleのMacOSのほか、LinuxなどのUNIX系OSが広く利用されています。スマートフォンではGoogleのAndroidやAppleのiOSが大きなシェアを占めています。

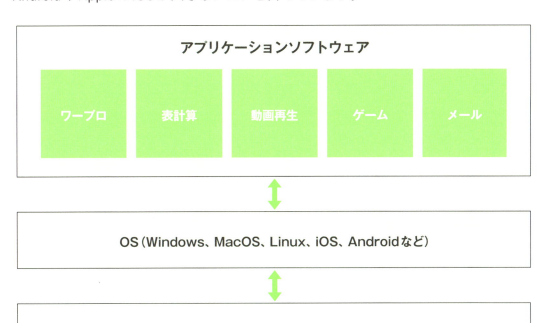

図12 ソフトウェアの関係図

▶アプリケーションソフトウェアとは？

アプリケーションソフトウェア（応用ソフトウェア）とは、コンピュータを利用していろいろな作業を行うためのコンピュータプログラムです。

パソコンには、ワープロや表計算などのオフィス向けソフトや、画像を閲覧したり、映像や音声ファイルを再生したりするソフトがあります。パソコンでは画面が大きく、マウスやキーボードなどの入力装置を用いて複雑な操作をしやすいため、様々な機能を備えた大規模なアプリケーションソフトウェアが見られます。

スマートフォンでは「アプリ」などと省略して呼ばれ、1つの機能に対して1つのアプリを使うような、比較的シンプルなソフトが多くなっています。

「コンピュータを使いこなすこと」は、**「自らの目的に応じて適したアプリケーションソフトウェアを利用できること」** とおおむね同じ意味だといえるでしょう。広く利用されているアプリは、確かにそれだけ多くの人に役立つ機能を持つといえるかもしれません。しかし、流行っているアプリを無目的に使うだけでは、本当の意味でコンピュータを使いこなせているとはいえません。コンピュータを用いてできることを理解するとともに、コンピュータを用いて自分自身がやりたいことを見通すことが大切です。

ムーアの法則

記録メディアの容量は、CPUの処理速度と並び、コンピュータの性能を示す指標の1つです。これらの性能の向上は大変目覚ましく、数年前の上位製品でも最新の廉価な製品に性能面で及ばないといったことも珍しくありません。

こうした性能の向上に関連してよく持ち出されるのが「ムーアの法則」です。これは、「チップの複雑さが毎年およそ2倍で伸び続け、10年で部品点数は65000倍になるだろう」という、インテルの創業者の1人であるゴードン・ムーアの予測からきています（1964年）。

実際、この予測のとおりにコンピュータの性能はみるみる向上しました。しかし近年では、チップの物理的な制約もあり、さらなる向上には陰りが見えているともいわれています。

注意したい解像度

　画像の解像度は、画像のきめ細かさを表します。解像度を大きくするほど、画像は拡大に耐えるだけの細かさを持ちますが、そのぶんデータの容量は大きくなります。そこで、どのくらいの解像度が必要なのかを考慮して、適切な解像度を使い分けなくてはなりません。

　解像度は、1インチに何ドットのピクセルを含むかを示すdpi（ドットパーインチ）という単位で表します。一般的に、印刷においては350dpi程度の解像度があるとよいとされています。これを大きく下回ると、つぶつぶが目立つようになります。

　たとえば10cmの幅を350dpiの解像度で印刷するには、約1400ピクセルほどの幅を持つ画像ファイルが必要になります。今日の最新型のスマートフォンに内蔵されているカメラであれば十分に対応しますが、数世代前の携帯電話端末のカメラでは多くの場合で不十分でしょう。印刷したい画像の解像度が350dpiに足りない場合にも、できるだけこれに近い大きな解像度を確保すれば見栄えをよくさせることができます。

　パソコンで画像を編集する際、一度解像度を下げてしまうと元に戻すことはできません。もし印刷したい場合には、パソコンの画面では問題なく見えたとしても、必要な解像度を改めて確認するのが、きれいな出力につながります。

3-11 アルゴリズムとデータ構造

▶ アルゴリズムは処理の手順

プログラミングをする際、「**コンピュータにどのような手順で処理させるのか**」を決めることは大切です。

あるデータの値を入れ替える処理を例に取りましょう。2つのデータAとBがコンピュータのメモリにあるとき、この値を入れ替えるにはどうすればいいでしょうか。イメージしやすいように言い換えると、グラスAにオレンジジュースが、グラスBにリンゴジュースが入っていると考えてください。この2つの中身を混ぜることなくグラスを入れ替えるには、どうすればよいでしょうか？

グラスAのオレンジジュースをグラスBに入れようとしても、逆にグラスBのリンゴジュースをグラスAに入れようとしても、混ざってしまいます。入れ替えるには、もう1つ別のグラスを用意しなければならないことがわかるでしょう。

この問題の答えは、以下のようになります。

(1) グラスCを用意し、一度グラスAのオレンジジュースを移す
(2) 空いたグラスAにグラスBからリンゴジュースを移す
(3) グラスCからグラスBにオレンジジュースを移す
　※(1)〜(3)の順序が変わってはいけません

アルゴリズムとはこのように、問題を解くために必要な処理の手順を定めることです。このとき、順序が大切です。しかし、たとえば最初にグラスBからCにいったんジュースを移しても、その後の手順をちゃんと組み立てれば、混ぜないで入れ替えることができます。同じ問題を解くアルゴリズムは1通りとは限りません。この例ではどちらも大差ありませんが、**問題次第では選択するアルゴリズムによって処理の効率は大きく変わります。**

またアルゴリズムを組み立てる際に、「**コンピュータでどのようにデータを扱うか**」という**データ構造**の選択も大切な問題です。データ構造によって利用できるアルゴリズムが変化します。コンピュータプログラムを作成する際には、このようにアルゴリズムとデータ構造を適切に設計することが必要となります。

第 **4** 章

知っておくべき「通信」のしくみ

ねらい

▶コンピュータネットワークのしくみを理解します

▶プロトコルについて知ります

▶WWWのしくみを理解します

▶ウェブ検索のしくみを理解します

今日の情報社会を考えるうえで、コミュニケーションは重要な要素です。このコミュニケーションを技術的に支える通信のしくみを整理しましょう。ここでは、インターネットやウェブがどのように動いているのかを説明します。また、こうした技術的な背景から、あらためてウェブの利用方法を検討します。

4-1 社会を変えたインターネット

▶インターネットの起源

「通信」は誰かから別の誰かにメッセージを伝え、コミュニケーションする手段といえます。現在でも手紙や電話は利用されていますが、今日における主役といえばインターネットでしょう。

インターネットの起源をたどると、概念的には、1960年にJ・C・R・リックライダーにより提唱されたタイムシェアリングシステムによるネットワークが挙げられます。当時の大型計算機は大変高価な資源であり、多数のユーザで効率的に共同利用する必要がありました。そのために彼は、ユーザが対話的に操作できる簡易なユーザインタフェースを持つ、ネットワーク接続されたコンピュータが必要であると予測しました。

こうしたアイデアにもとづき、アメリカ国防総省の高等研究計画局（ARPA、現在のDARPA）において開発されたのがARPANETです。1969年、カリフォルニア大学ロサンゼルス校とスタンフォード研究所の間で最初の通信が行われました。このネットワークは急速に成長し、アメリカ国外の研究施設を含め、1981年までに213台の大型コンピュータが接続されました。

▶インターネットの登場

同時期、このほかにもアメリカ内外でいくつかのコンピュータネットワークが構築されるようになりました。こうした複数のネットワークを相互に接続するための技術的な取り決めがなされ、**インターネットプロトコル（IP）**と呼ばれる仕様が1974年に発表されました。「インターネット」という語が最初に使われたのはこのときです。また、データ転送のしくみとして**TCP**という仕様も策定され、このTCPとIP（**TCP/IP**と併記されることが多い）によってネットワークの相互接続のしくみが整いました。

以後、多数のコンピュータネットワークがこの技術を用いて接続され、インターネットの基礎ができあがります。これらは当初、大学など研究施設間のネットワークでした。1980年代末から**インターネットサービスプロバイダ**（ISP）と呼ばれる企業が登場し、電子メールやネットニュースなどのサービスが提供されるようになりました。今日のインターネットではさらに多数の接続サービスが登場し、多くの民間業者や個人が利用するようになっています。

▶ **新しい情報基盤として広がるウェブ**

インターネットにおける代表的なアプリケーションが、第2章に登場したウェブです。今日のウェブのしくみは1989年、欧州原子核研究機構（CERN）の科学者ティム・バーナーズ＝リーが、科学論文を蓄積、整理する目的で提案したのが始まりです。科学論文はある論文からほかの論文へと引用関係を持っており、こうした参照の構造をハイパーリンクにより表現しました。CERN内で開発された **World Wide Web (WWW)** と名づけられたこの技術は、やがて外部に公開され、家庭へのインターネットの普及とともに一般の人々にも広く利用されるようになりました。

Point SNSが加速させる多層的ネットワーク

今日では、SNSを始めとするソーシャルメディアが普及し、ウェブはこれらのサービスの基盤ともなっています。コンピュータのネットワークによるインターネットがあり、その上に文書のネットワークによるウェブが、そしてウェブ上で人と人とのネットワークが展開されるというように、相互にインフラと応用の関係を持って多層的なネットワークを作っています（図1）。

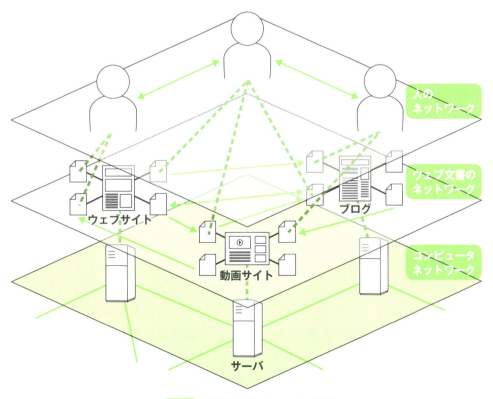

図1　多層的なネットワークの構成

4-2 データはどうやって移動している？

▶ 小規模なネットワーク「LAN」

　第3章で述べたように、コンピュータにおいて扱われるデータは0と1からなるデジタルデータです。**コンピュータにおける通信とは、このデータ列をある機器からほかの機器へ伝送すること**といえます。コンピュータの内部においては回路を流れる電気信号に乗せて送り届けますが、複数のコンピュータがつながったときには、いくつかの工夫が必要となります。

　まずは1つの建物や敷地など、比較的狭い範囲内で構成されるコンピュータネットワークである、**ローカルエリアネットワーク（LAN）**のしくみを見ていきます。閉じた範囲でコンピュータを接続しようとした場合でも、物理的にどのように接続すればよいのか、また接続した線の上でどうやってデータを送ればよいのか、といったことを考慮する必要があります。

　データを送る方法にはいくつかありますが、現在主流なのは**イーサネット（Ethernet）**という規格です。コンピュータを複数つないでデータを送る際、それぞれにやり取りをすると、ケーブル内でデータが衝突してしまうことがあります。そこでイーサネットでは、同時に送信されデータが衝突した場合には、いったん待ってから再送します。このほかには、Token RingやFDDIなどという方式があります。

　イーサネットで接続する際には、主にツイストペアケーブルと呼ばれるケーブルを利用しますが、これは一般にLANケーブルと呼ばれています。

▶ コンピュータを接続する方式

　コンピュータ同士の接続の形状（**ネットワークトポロジー**）には様々ありますが、代表的なものとしては**バス型**や**スター型**などが挙げられます（ 図2 ）。

　バス型とは、1本の主線（バス）に各機器が接続します。構成や配線がシンプルになりますが、バスの途中に断線があると、その箇所を境につながらなくなってしまいます。

　スター型は交換装置（ハブ）を中心に各コンピュータを放射状に接続します。ハブからつながったうちの1台が故障しても、ほかに影響が出にくい構成です。

　このほかにも、コンピュータを1周するようにつなぐリング型などもLANの方式によっては用いられ、またこれらの形状が部分的に組み合わされて利用されています。

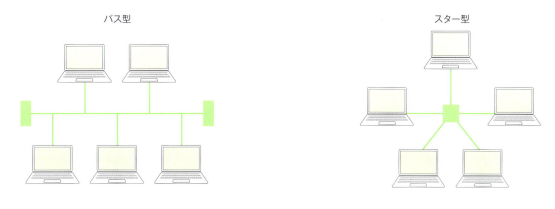

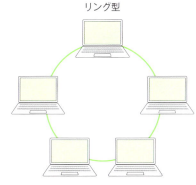

図2 ネットワークトポロジーの例（バス型、スター型、リング型）

▶ 大規模なネットワーク「WAN」

ワイドエリアネットワーク（WAN） とは、LANよりも広いネットワークを表します。個々の組織で管理するような規模のLANとは異なり、通信事業者などが管理します。WANはLANを相互に接続するものであり、広い意味では **「WANへの接続＝インターネットへの接続」** とされています。

▶ 無線LAN

無線LANとは、ケーブルを使わずに無線LAN基地局（ルーター）と無線通信でデータを送受信するLANのことです。ルーターから先は、さらにLANやWANなどに接続されます。

用いられる無線通信技術にもいろいろありますが、現在ではIEEE 802.11や、その後継規格が標準となっています。この規格に沿って機器が相互接続可能であるという認定を**Wi-Fi**といいます。

▶ パケット

コンピュータネットワークでは、複数台のコンピュータが相互にやり取りを行うため、データをそのまま直接は送らず、**パケット**と呼ばれる単位に分割して送信します（ 図3 ）。パケットに分けることで、1つのデータの通信が接続経路の一部を占有し続けるといったことを避けられます。

また、もし通信にエラーがあった場合には、間違いのあったパケットだけを再送すればよいため、すべてのデータを再送するより効率がよくなります。こうしたパケットのしくみは、次節で述べるネットワークのプロトコルで決められています。

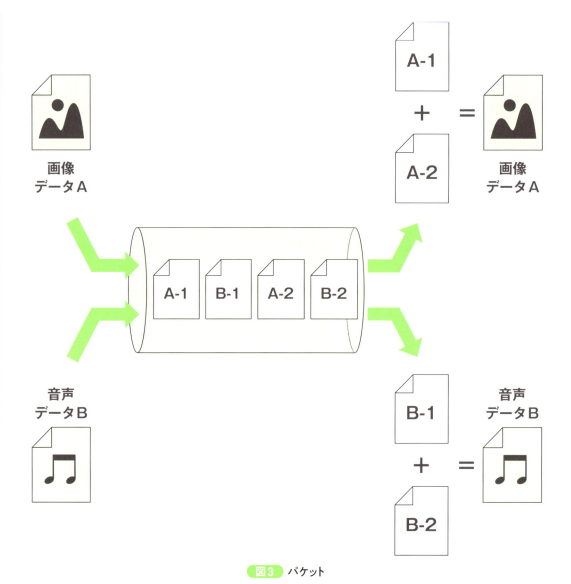

図3　パケット

Column オンラインサービスの選び方

　ウェブ上には様々な目的に応じて、多様なウェブサイトやウェブサービスがあります。次々と新しいサービスが提供され、利用者としてはどのサービスを利用したものか、迷ってしまいます。

　本書の執筆時点で一般的に用いられているサービスも、数年後に主流の地位にある保証はありません。そのくらいにウェブの世界の趨勢は急速に変化します。したがって、「これを使えば安心」というわかりやすい指標や基準はありませんが、ここでヒントになる情報を提供したいと思います。

　筆者としては、自身で使ってみて理解することを勧めたいのですが、多くの人が利用しているような大手のウェブサイトであればまだしも、悪意のある危険なサイトも存在するため無責任にはいえません。

　まずはサイトや説明をよく見て機能を把握し、類似のサイトと比較することです。そのサイトが何をするもので、自分に必要なものかを考えてみましょう。機能や目的を理解することで、自分自身が入力を求められる情報も、必要か否かを判断できます。悪質なサイトについては第5章でも触れます。

　このほか、ユーザ数やユーザ層を観察してみることも、自分自身にとって有用なサイトであるかどうかを見極めるヒントになります。「多くのユーザを獲得しているサービスは多くの人に有用である」という可能性はあるでしょう。しかし別の観点で、ユーザから投稿される情報がサービスの価値を決めるようなサイトでは、登録者数よりも、投稿者としてのユーザが存在することがそのサービスの価値になります。

　また、信用できる情報源を得ることも有意義です。ネット上には多数のサービスがありますが、これをうまく紹介してくれる「目利き」のようなユーザもいます。自分の興味や利用形態に合う情報源を見つけて、参考にするとよいでしょう。

　そして最後はやはり、実際に使ってみることです。いろいろなサービスを利用した経験こそが、また新たなサービスを見極める際の視座を養います。

4-3 ネットワークの決まりごと「プロトコル」

▶ プロトコルとは

　たとえば手紙も情報伝達の手段の1つですが、書いた文書が相手の元へ届くためには、切手を貼って、郵便番号や住所、宛名を書いてポストに投函する、というように段取りが決まっています。こうした決まりごとを**プロトコル**といいます。

　コンピュータネットワークにおいては、複数の決まりごとを階層的に組み合わせて利用し、データの送受信を行います。こうした通信機能の階層を示したモデルに、**OSI参照モデル**があります。これは概念モデルであるため、実際に用いられるプロトコルが必ずしも正確に対応するわけではありませんが、しくみを理解するうえで有用なモデルです。OSI参照モデルでは、図4のように各階層の役割分担が明確になっています。このことによって、上位層は下位層の影響を受けることなく、独立して動作させることができます。

	階層名	説明
上位層	アプリケーション層	ウェブ文書の送受信やメール配送など具体的な通信サービス（HTTP、FTP、SMTPなど）
↕	プレゼンテーション層	データの表現方法（ASCII、MIMEなど）
	セッション層	通信の開始から終了までの手順
	トランスポート層	エラー訂正、再送制御などの通信管理（TCP、UDPなど）
	ネットワーク層	通信経路の選択（ルーティング）（IPなど）
	データリンク層	直接接続されている機器間の信号の受け渡し（Ethernet、PPPなど）
下位層	物理層	ケーブルの形状や無線など、物理的な接続

図4　OSI参照モデル

💡 Point　データ送受信と郵便はよく似ている

　OSI参照モデルは郵便と似たようなしくみです。送り手は手紙を入れる封筒を変えてもよいですし、郵便事業者は自社の都合で集配ルートを変えたり、トラックをバイクに変えたりしても、相互のルールの中であれば問題ありません。同様に、ネットワークの物理的な接続にLANケーブルではなく光ファイバーや無線を使っても、区別なく同じパケットを流して構いません。

▶ IPアドレス

ネットワークを相互に接続する主要な技術であるIPは、**IPアドレス**にもとづいてパケットを制御（ルーティング）します。現在は**IPv4**というバージョンの規格が標準ですが、それを改善した**IPv6**が広まりつつあります。

IPアドレスとは、ネットワークに接続する端末を識別するアドレスで、IPv4では32ビットの値です。IPアドレスは通常、8ビットごとに区切ってドットをつけた4つの0〜255の数字で、「127.0.0.1」などのように表記します。

IPアドレスでは、上位の桁でどのネットワークに属するかを指定し、下位の桁で個々のコンピュータ（ホスト）を特定します。上位と下位の境界はネットワークの大きさによって分けられており、大組織や通信事業者など、多くのホストが接続されるネットワークほど下位の桁を大きく割り当てるのが適しています。

しかし、接続されるホストが増加するにつれ、32ビットのIPアドレスでは不足するという問題があり、IPの新しいバージョンであるIPv6では128ビットのIPアドレスが用いられています。

▶ ドメイン名

IPアドレスはインターネット上での端末を特定するアドレスですが、実際に接続する際に人がこれを覚えるのは大変なので、**ドメイン名**という名前をつけます。そして、**DNS**（Domain Name System）というしくみを用いて、ドメイン名とIPアドレスを対にして管理します。ドメインの下には個別のコンピュータのほか、**サブドメイン**を設定することができます。

ドメイン名を記載する際は、上位のドメインほど後ろに書きます。一番上位のドメインを**トップレベルドメイン**といい、.comや.orgなど分野別のものや、.jpや.ukといった国別のドメインなどがあります。各ドメインはサブドメインを管理しており、たとえば.jpでは.co.jpや.ac.jpなどの国内における分野別のドメインを利用できるほか、個別に登録することも可能になっています（**図5**）。

ドメイン名

http://www.shoeisha.co.jp

サブドメイン　　　　トップレベルドメイン

図5 ドメイン名の例

4-4 ウェブとメールの裏側

▶ サーバとクライアント

コンピュータネットワーク上でサービスを提供する役割を担うコンピュータを**サーバ**といい、インターネット上には様々なサービスを提供するサーバがあります。

サーバを利用する側のコンピュータは、**クライアント**と呼ばれます。サーバとクライアントにより役割分担を行う構成を、**クライアント・サーバ・モデル**といいます。

ネットワークに接続したコンピュータ上でサーバソフトウェアを動作させることにより、こうした機能を提供できます。サーバとクライアントの間の通信には、それぞれのサービスごとに定められたプロトコルを用います。

たとえば、ウェブや電子メールといった代表的なインターネットの応用も、それぞれウェブサーバやメールサーバによって提供されます。クライアント側では、クライアントソフト（ウェブブラウザやメールソフト）がそれぞれのサーバと通信を行います。

▶ ウェブを作る技術「WWW」

先に述べたとおり、ウェブはWWWと呼ばれる一連の技術からなり、バージョンアップはあれど原型は1989年に提案されたままです。WWWを構成する重要な要素は、**HTTP**と**HTML**、そして**URL**の3つです。

💡 Point　

❶ HTTP（HyperText Transfer Protocol）
　ウェブブラウザがウェブサーバと通信し、欲しい文書のリクエストを行い、ウェブサーバから文書を受信するためのプロトコルです。OSI参照モデルにおけるアプリケーション層に位置します。

❷ HTML（HyperText Markup Language）
　ウェブ文書を記述するためのフォーマットです。これについては次節で説明します。

❸ URL（Uniform Resource Locator）
　インターネット上のリソースのある位置を示す住所です。URLは「（スキーム名）：（スキームごとの表現）」という書き方をし、たとえばHTTPで用いるスキーム名はhttpです（　図6　）。ほかに、ファイル転送に用いるFTPであればftp、電子メールの宛先であればmailtoなどと定められています。

> http://www.sample.com/exam/ple.html
> 　HTTPで「www.sample.com」というウェブサーバ上にある「exam/ple.html」というファイル

図6 URLの例

▶ 電子メール

　電子メールは、インターネットを用いてほかのユーザに文書を送信するしくみです。Eメール、あるいは単にメールなどといわれる場合もあります。現在では携帯電話端末にも標準的に機能が備わっており、広く一般に利用されています。

　電子メールにおいては、**メールの送信と受信それぞれに別のサーバを用います**。1台のコンピュータがこの2つのサーバの役割を兼ね備える場合もありますが、しくみ上はそれぞれ別物です。

　電子メールを送信すると、受信用のサーバがメールを受け取ります。受信用のサーバは、電子メールアドレスのアットマーク（@）より後ろの部分で指定されています。次に、受信用サーバがユーザにメールを渡します（アットマークの前の部分で指定）。一方で受信時は、受信用サーバに接続して、ユーザに送られてきているメールを受け取ることができます。送受信ともにいくつかのプロトコルがありますが、送信にはSMTP、受信にはPOPやIMAPがよく使われます。

Column　電子メールのToとCc、Bccの使い分け

　電子メールにおいて宛先を指定する際、ToのほかにCc（カーボンコピー）やBcc（ブラインドカーボンコピー）といった機能があります。Toが宛先を直接指定するのに対し、Ccは本来の宛先ではないものの、同報として同じメールを送ります。Bccは同報していることをほかのユーザに隠すことができます。

　電子メールクライアントによっては、自分に直接Toで送られてきたメールとCcで送られてきたメールを区別して表示できるものがあるため、複数のユーザに一斉送信する際にはToやCcを意識的に使うとよいでしょう。また、Bccを用いたテクニックとして、メールの一斉送信時にすべての宛先をBccに記載することで、同報しているメールアドレスを相互に見えなくすることが可能です。たとえば携帯電話で使うメールアドレスの変更通知などで、Toを使うと宛先に記載された相互に知り合いではない人同士が他人のメールアドレスを知ってしまうという問題が起こります。Bccを使うと、そのメールが誰に届いているかを隠すことができます。

4-5 HTMLとウェブページ

▶ HTMLとは

　ウェブブラウザでウェブページを表示し、ページ内を右クリックして「ページのソースを表示」（または類似のメニュー）を選択すると、 図7 のように記号や英文字が入り混じったテキストが表示されるでしょう。ウェブブラウザがウェブサーバから受け取るのは、このようなHTML文書です。

　HTML（HyperText Markup Language）は、ウェブ文書を記述するためのマークアップ言語です。**タグ**と呼ばれる、<>を用いて記述した命令を用いて、文書中の要素の構造を表します。タグには開始タグと終了タグがあり、この両者で挟まれた部分がそのタグに指示される要素となります。要素とは、見出しや段落、表や箇条書きなどといった、文書を構成する部品です。

　HTML文書は、テキストエディタ（「メモ帳」や「テキストエディット」などのテキスト編集ソフトウェア）を用いて記述することができます。これをウェブブラウザで開くと、タグにもとづいて見栄えが整形されて表示されます。

図7　ブラウザによる表示と元のHTML文書

 **Point**　　　　　　　　　　　　　　　　　　　　**ハイパーリンク**

　ウェブ文書の最大の特徴は、ハイパーリンクと呼ばれる文書間の相互参照のしくみです。このような機能を持った文書をハイパーテキストといいます。一般的な文章は文頭から文末へ向けてまっすぐに文が進行しますが、ハイパーテキストにおいては文書内の任意の場所からほかの文書へ分岐して飛ぶことができます。

▶ 見栄えのよいウェブページを作るには

　構造のみが指定された（最低限の記述の）HTML文書でも、ウェブブラウザは見出しを大きく表示したり、段落ごとに改行を入れたりと、それらしく表示してくれます。しかし、見栄えの華やかなウェブページを作成したい場合には、**スタイルシート**という別の技術を用いて見た目の指定を行います。現在一般的に用いられているのは、**CSS**（Cascading Style Sheets）という規格です。

　また、ウェブブラウザ上で実行されるプログラミング言語である **JavaScript** を用いることで、ウェブページ上に動きを持たせたり、ユーザの操作に反応したりといった高度で複雑なウェブページを作成することができます。

　今日のウェブページは、実際にはこれらのHTML、CSS、JavaScriptを必要に応じて組み合わせて作成されています（図8）。

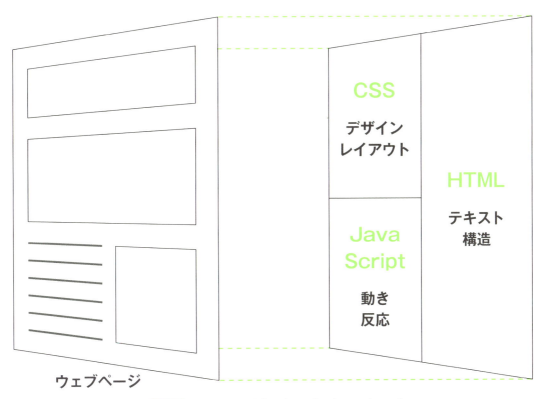

図8　HTML、CSS、JavaScriptのイメージ

▶ ウェブアプリケーション

作成したウェブ文書は、FTPなどのファイル転送技術を用いて、ウェブサーバに転送（アップロード）することでウェブ上に公開されます。アップロードされたファイルは、そのファイル名にもとづき生成されるURLを用いて、アクセスすることができます。

このように、完成されたHTML文書をアップロードして公開するのが基本ですが、ウェブサーバ上で動作するソフトウェアがHTMLを生成して、ウェブブラウザに表示させることもできます。こうしたしくみによって、ウェブを介して利用する**ウェブアプリケーション**は作られています。

第2章で触れたCMS（コンテンツ管理システム）では、ユーザが入力したコンテンツをサーバ上のデータベースで管理し、必要に応じてHTMLに整形して出力します。SNSなどのサービスも、扱うデータや提供する機能は複雑になりますが、同じ原理で構築されています。

主流になりつつあるウェブアプリケーション

今日では上記のようなウェブアプリケーション、つまりHTTPを用いてウェブサーバ上で動作するものの、HTML形式を利用しないものが増えてきています（図9）。たとえば、スマートフォンの専用アプリなどもウェブアプリケーションです。スマートフォンで天気予報や乗換案内を利用する際にはあまり意識しないですが、これらの多くは裏側でウェブが用いられているのです。

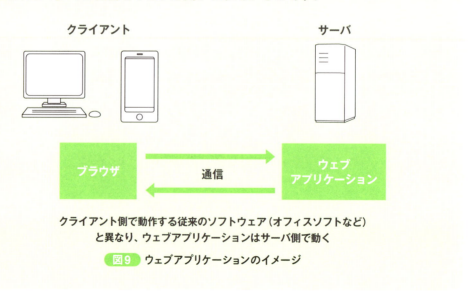

クライアント側で動作する従来のソフトウェア（オフィスソフトなど）と異なり、ウェブアプリケーションはサーバ側で動く

図9　ウェブアプリケーションのイメージ

Column コンピュータを用いたウェブ以外の情報表現

ウェブに限らず、コンピュータを使うことで情報を整理して、きれいに整形することができます。情報の加工や文書の作成など、ビジネスのあらゆる場面で、もはや必要不可欠になっているのがオフィスソフトです。これには、ワープロソフト、表計算ソフト、プレゼンテーションソフト、電子メールクライアント、データベース管理ソフトなどが含まれます。

ワープロソフトとは、MicrosoftのWordのような文書作成ソフトです。このように画面で出力結果を見ながら編集できる環境のことをWYSIWYG（ウィジウィグ、What You See Is What You Get）と呼び、ワープロ以外にも様々なソフトウェアで用いられています。

近年は、ビジネスなどでプレゼンテーションソフトを使いこなす人が増えてきました。プレゼンテーションに用いる資料をどのように作成するかは、その説明の目的やスタイルに依存します。誰に対し、何を目的として、何を伝達するのか、情報の受け手のことを考えることが大切です。

表計算ソフトは、縦横に区切られたマス目（セルと呼ばれます）からなる表に値を入れることで、データを処理するソフトウェアです。計算式や関数を入力することで、データを組み合わせて自動計算させるなどの高度な情報の加工・整理を行うことができます。

やってみよう！　　オンラインサービスを比較してみよう

ウェブ上には多種多様なサービスが存在します。気象情報の提供、電車の乗換案内、飲食店の評判の検索など、様々な目的ごとにサービスを選択できます。また、同じ目的を持つものにも、多くの場合は複数の選択肢があります。

あなたが普段「これはウェブを利用する」というシーンを思い浮かべて、いくつかの目的を設定してください。その目的を達成するために活用できそうなサービスを複数調べ、比較してみましょう。4-2節で示した「オンラインサービスの選び方」を参考に、できれば実際に利用して感触を確かめてみるのがよいでしょう。

4-6 オンライン配信のしくみ

▶ ウェブ時代の商品流通

今日の情報化社会においては、ウェブを介して情報（コンテンツやサービスなど）が商品として流通しています。本節ではこれらオンラインによる情報配信について説明します。第3章でも簡単に触れましたが、より詳しく見ていきましょう。

ウェブ上の販売サイトから商品を注文し、クレジットカードや電子マネーなどを用いてオンラインで決済を行うまでは、一般的な通信販売と同様です。しかし、商品の流通方法がモノを買うときとは異なってきます。情報商品においては、モノを配送する必要がなく、オンラインにより情報提供を完結させることができます。

▶ オンラインでの情報提供手段の類型

オンラインでの情報提供を大きく分類すると、データをユーザの端末に保存する**ダウンロード型**と、サーバ上に置いたまま直接利用する（狭義での）**オンライン型**の2種類があります。

オンライン型は多くの場合、ウェブアプリケーションのように、ウェブ上にあるシステムを利用するものを指します。ここには動画配信サービスといったコンテンツの**ストリーミング再生**の形態も含みます。ストリーミングとは、インターネット上にある動画ファイルを、ファイル全体を保存することなく逐次ダウンロードを行いながら再生する形態の配信をいいます。技術的に厳密にいえば、ダウンロードの特殊な形態といえますが、動画ファイルが最終的にユーザの端末に保存されることは基本的にないために、ここではオンライン型に分類しています。

▶ オンラインでの情報提供への課金方法の類型

ウェブを介して情報を購入すると一口にいっても、いくつかのパターンがあります。最も素朴な方法は、商品代金と引き換えにデータをダウンロードするものです。データ自体への対価という考え方はわかりやすいでしょう。

ダウンロードしたデータ自体の対価ではなく、**利用する権利を購入する**という考え方もあります。ダウンロードしたコンテンツを利用する際にユーザ認証を行い、権利を有するユーザかどうかを確かめます。有料のオンラインサービスでも同様の考え方で支払うものがあります。利用の権利は恒久的に買い上げる場合と、月額課金などのように期間を区切って支払う場合があります。

このほかにオンラインゲームやスマートフォンアプリなどに多く見られる手法とし

て、基本機能を無料で提供し、一部の機能やコンテンツを別途有料で販売する方法があります。「基本無料」の触れ込みでまずユーザを獲得し、その中からある程度の割合がゲームやアプリをより楽しむための課金をしてくれればよいという考え方です。

▶ コピー防止機能

ダウンロード型の販売を行う場合で、利用権でなくデータそのものに代金を払うような場合には、データが権利者の意図を越えて複製されると正当な対価を受け取ることができなくなります。こうしたいわゆる海賊版を防ぐため、コピー防止機能も一部で利用されています。

ベータ版とは？

オンラインでの情報配信との関連で触れておきたいのが、特にソフトウェアにおけるベータ版と呼ばれる製品文化です。ベータ版とは、製品の正式なリリースを前にユーザに試用してもらうためのバージョンです。ユーザの評価にもとづいて修正を施し、正式な製品の品質向上を目指します。

独特なのがウェブサービスにおけるベータ版です。これは、実質的にはユーザに公開し、正式に利用できる状態で機能を提供するものの、その後の製品改善による更新の余地をあえて残すような場合に用いられます。ウェブサービスでは、サーバ上のコンテンツやソフトウェアを更新することで、全ユーザへ提供する内容も更新できます。この特徴を生かし、事前に必要かどうかわからない機能をたくさん作るより、実際のユーザの使い方を見て機能の追加や修正をして、品質向上につなげようという考え方です。

4-7 情報収集と検索

▶ ウェブにおける情報収集

　ウェブページはウェブサーバ上にアップロードされることで公開され、URLを指定することでアクセスできます。しかし、ユーザが見たいページのURLをあらかじめ知っていることはほとんどありません。

　マスメディアにおける情報流通では多くの場合、雑誌や新聞、テレビのチャンネルなど、コンテンツそのものではなくメディアを選択します。そのメディアに掲載・放映された内容を、いわば選択の余地なく受け取ります。この意味で、少々極端な言い方をすれば、受動的に情報を受け取るメディアといえるでしょう。

　一方、ウェブにおいては多くの場合、知りたい情報を自ら探し出す必要があります。このことから、既存のメディアと比較して能動的に利用されるメディアといえます。この際に助けになるのが、**検索エンジン**というウェブ上のサービスです。

▶ 検索エンジンのしくみ

　おそらく多くの人は検索エンジンを利用したことがあるでしょう。GoogleやYahoo！検索に代表される、知りたい情報のキーワードを入力すると、該当するであろうウェブページを探してくれるサービスです。

　ところで、ウェブには、インターネットに接続されたウェブサーバがあれば情報を自由に公開できます。つまり、ウェブは中央で管理されていません。それにもかかわらず、どのように検索エンジンはウェブ上の情報を把握しているのでしょうか？

　代表的な手法が、ロボット（と呼ばれるプログラム）を用いてハイパーリンクをたどり、機械的に多数のウェブページを収集する方法です（図10）。とにかく集められるだけ集めるという、いわば力ずくの方法です。しかし、実際にこのようなやり方で大量のページを収集することによって、検索エンジンサービスが提供されています。

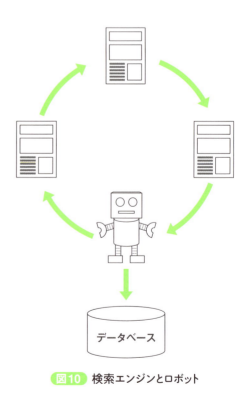

図10 検索エンジンとロボット

▶ ウェブページに順位をつける

　検索エンジンでは、多数のページを集めたうえで、ユーザが入力した検索語（クエリ）に合致するページを抜き出し、ユーザに提示します。また、クエリに適合するウェブページが多数ある場合、それらのページに順位づけを行います。このランキングには様々な手法が使われていますが、世界最大の検索エンジンであるGoogleが用いている有名な手法が**ページランクアルゴリズム**です。

Point　ページランクアルゴリズムのしくみ

　ページランクアルゴリズムでは、ウェブページ間のリンク構造にもとづいてページの信頼性を評価します。簡単にいうと、多くのページからリンクされているページは有用であろうという発想です（図11）。複雑なリンク構造を解析することにより、単にリンクの数だけでなく、より有用なサイトからのリンクほど高く評価します。裏返すと、スパムサイト同士がリンクし合っても、それらのページの評価は上がりません。

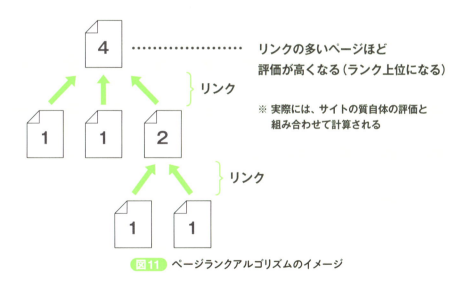

図11　ページランクアルゴリズムのイメージ

　実際には、Googleではこのほかに様々な手法を組み合わせてランキングが行われていますが、莫大な情報を収集し、なおかつそれらのリンク構造を大規模に解析する技術が大きな裏づけとなっています。またこうした手法は、ユーザがそれぞれに発信した情報を集めることによって新たな価値を生み出しており、集合知の代表的な応用といえるでしょう。

　ちなみに余談ですが、ページランクというのは「ウェブページのランク」という意味ではなく、Googleの創業者の1人であるラリー・ペイジの名前に由来します。

4-8 さらにウェブを使いこなすために

▶ メタデータ

　ウェブ上の情報をさらに活用するために知っておきたいのは、**メタデータ**という概念です。メタデータとは「データに関するデータ」であり、ある文書をいつ、誰が、どこで作成したのかといったことが挙げられます。こうした内容そのものではなくとも文書を説明する付加的な情報は、その文書内容を理解するうえで役立ちます。

　こうしたデータをうまく用いることで、たとえば同じ場所で同じものを見て書いたと思われる情報を検索する、などといった応用ができるようになるでしょう。

　現在ではスマートフォンを用いることで、人々が屋外でインターネットにアクセスする機会も増えています。情報を作成する際（例：写真を撮影する際など）にスマートフォンのGPSセンサを用いれば、ユーザの位置情報をメタデータとして付加することができます。今後スマートフォンはますます多機能化することが予想されますが、それらの機能を組み合わせることで、ユーザの状況をコンテンツに付加して利用できるようになるかもしれません。

Point　メタデータとプライバシー保護

　具体的なメタデータであるほど、受信者の立場で自身に関連の深い情報を見つけられる一方で、発信者の立場では自らのプライベートに関わる情報を意図せず公開してしまうかもしれません。どのようなメタデータが有用か、それをどのようなしくみで付加するかといった、適切なメタデータ利用の枠組みが求められていくでしょう。

▶ ハッシュタグ

　一部のソーシャルメディアでは、簡易にコンテンツを相互に接続する、**ハッシュタグ**という機能が備わっています。サービスによって差異はありますが、多くは「#」に続けてキーワードを書くことで、そのキーワードをハッシュタグとして投稿に付加できます（図12）。たとえば「#イチロー」で検索すると、野球のイチロー選手に関する投稿が表示されるでしょう。これにより、同じサービス内でコンテンツ間を結びつける効果があります。

本書に関するご意見・ご感想をSNSに投稿する際には、よろしければ「#情報社会の授業」というハッシュタグを用いて投稿してください。このハッシュタグを検索することで、ほかの読者の感想を見つけやすくなります。

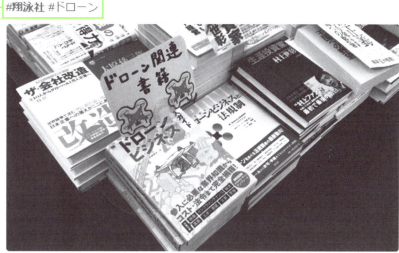

図12　ハッシュタグの例

▶ エゴサーチ

　検索の活用でもう1つ触れておきたいのが**エゴサーチ**です。エゴサーチとは、検索エンジンやSNSにおいて自分を検索することです。政治家や芸能人、作家などであれば、自身についてウェブユーザが書いている評価は気がかりでしょう。お店などの商売においても、評判を知ることはマーケティングにつながります。

　こうした情報を検索することで、直接自身に寄せられる意見以外に、生の声を知ることができます。たとえばあなたが芸能人の名前を検索すると、その人に関するいろいろな情報が得られるでしょう。エゴサーチでは、まさにそれと同じものを本人が見るということです。

Point　ネットの評判を気にし過ぎない

　自分に関係があることを検索した場合、ポジティブな情報とネガティブな情報の両方が目に入るでしょう。本人の立場で考えると、より素直な感想を得やすいというのは利点ですが、悪い評価に悲観的になり過ぎてはいけません。有用な指摘があれば素直に受け止め反省し、次に活かすことはよい効果を生みます。しかし、書き手は相手の顔が見えないことで、必要以上に口が悪くなっている可能性があります。真に受け過ぎず、ほどよい付き合い方を見つけるとよいでしょう。

　逆に書き手の立場に立つと、このように検索をして見つかるということは、本人が見る可能性があるということです。必ず本人に届くというものでもないですが、自分の発信した情報が相手を傷つけないか、よく考えるべきです。

　本書において様々な題材で繰り返し触れてきたことですが、情報を発信する際も受信する際も、相手の立場をよく想像することが大切です。

検索のコツ

　検索エンジンを用いて欲しい情報を見つける際に重要なのが、どのようなクエリを用いるかという点です。これには大きく2つのポイントがあります。第1は検索エンジンのしくみを理解し利用すること、第2は情報を発信する側の気持ちを想像することです。

　しくみという点では、まず検索語を複数用いることは有用です。たとえば「ジャガー」という1語では、自動車メーカーに関する情報と、動物に関する情報が入り混じって表示されます。「ジャガー　車」とか「ジャガー　動物」のように検索語を組み合わせることで、情報を絞り込むことができます。このほか、除外したい情報を指定して取り除く方法もあります。「ジャガー -車」などとマイナスを使って除外したい語を指定すると、その語を含まない結果が得られます。また、二重引用符を用いて「"ジャガー　車"」のようにすると、検索語が同じ並びで登場するページを探すことができます。

　一方で、検索語の選択には自分の欲しいことを直接キーワードにするばかりでなく、対象のページに入っていそうな単語を選ぶのも重要なテクニックです。たとえば「○○とは」というように「とは」をつけて検索することで、その語の定義や説明を含むページを見つけやすくなります。

第 **5** 章

知っておくべき
「セキュリティ」
のしくみ

ねらい

▶情報セキュリティとマルウェア対策について理解します

▶パスワード設定など情報セキュリティ対策の必要知識を知ります

情報化が進展し、私たちの生活はあらゆる面で利便性が向上しました。しかし、この快適な生活は、自身を取り巻くコンピュータとネットワークが適切に動作することによってもたらされています。それらのシステムが危険にさらされた際には、利便性の裏返しでより大きな被害を受ける場合があります。本章では情報セキュリティについて学び、適切な対応を取るための知識を習得しましょう。

人もモノもカネも、見えなくなっていく

▶ 相手の善悪を判断しにくい「ネットの人間関係」

　すでに、個人の私的なコミュニケーションにおいてもビジネスにおける取引においても、ウェブの活用が当たり前になっています。こうした流れは、今後より発展的に継続していくでしょう。コミュニケーションに補助的にウェブを用いるほか、「ネットだけの人間関係」といわれるような、相手に対面することなくウェブ上で完結する関係も増えています。ウェブ以前には見られなかった、こうしたつながりが普及することによって、それまで起きなかった問題が指摘されるようになっています。

　たとえば、相手が見えないことで誤解が生まれることや、相手を信頼してよいかの判断が難しく感じることがあります。対面でのコミュニケーションと比較して匿名性が高いため、中には悪意を持ったユーザも存在します。相手が善意のユーザなのか悪意ある人間なのかを見極めることは容易でなく、そのためネットを用いたコミュニケーションそのものに対し否定的な反応も見られます。

　よりよいコミュニケーションを図るにはお互いを知ることが必要ですが、一方で自らのプライバシーを明かすことの危険性も指摘され、こうした矛盾の中で自らバランスを取りながら利用していく姿勢が求められています。

▶ 情報社会の経済活動

　人々の経済活動にも大きな変化が起こっています。第1に、商品の流通構造が大きく変化しました。第2に、これまでのようにモノばかりでなく情報そのものが価値を持つようになり、商品が多様化しています。そして第3に、現金やクレジットカードのほか、種々の電子マネーが登場し、決済手段も多様化しています（ 図1 ）。

　第1の流通構造としては、まずオンライン通販の普及が挙げられます。ウェブサイトから自宅にいながら商品を注文し、場合によっては当日のうちに自宅に配送されることもあります。こうした利便性から、人々の購買行動のうち、ウェブが占める割合が大きくなっています。ウェブを介して商品を売買することが一般化したため、これまで実店舗では広く流通させることが難しかったニッチな商品も手に入りやすくなりました。売り手としては、各地の店舗に十分な在庫を置かなくても注文に対応できること、また買い手としても珍しい商品を見つけやすいことから、既存の流通手段では対応できなかったきめ細かな商品展開が可能になりました。

　2点目は、これまでのように「モノを買い、それに対価を支払う」という構造では捉えられない経済活動が大きくなってきました。情報はモノとしての形は持ちません

が、受け取る個人の知識や経験に大きな価値を与えます。

音楽や映像などの表現も、これまでのようにそれを収録したCDなどのメディアの販売でなく、データそのものにお金が払われるようになっています。このように、形はなくとも効用や満足が得られる商品は「サービス」といわれますが、これまでも娯楽や教育、医療など、多岐にわたって存在していました。しかし、情報化によって、ますます人々が経験から得る価値が重視され、サービスの持つ価値がより強く認識されるようになりました。

第3の要素として、ウェブを介して商品やサービスを購入するうえで、オンラインの決済が一般化しました。現金を手渡すことなく電子的に送金ができる手段が普及し、実世界における会計でも、現金を使わずに支払いができる**電子マネー**が広まりつつあります。

図1　電子化される経済活動

▶ 情報社会のリスク

こうした変化により、私たちの生活はより便利に、より豊かになりました。その一方でコミュニケーション相手としての人も、商品としてのサービスも、対価としてのお金も、ネットワーク上でデータとして接することが増え、その姿が目に見えなくなりつつあります。ネットワークを介してやり取りされる情報の重要度が増すほど、こうした通信を安全に行う必要性も大きくなります。

これは「ネットだから」という話とは少し違います。日本は他国に比べ治安がよいといわれても、まとまった金額のお金を持ち歩くことには危険を感じると思います。ネットでもリアルでも、ごく一部にせよ悪い人間がいることに備える必要があります。**通信技術にまつわる基礎的な知識を持つことは、自らの身を守ることにつながります。**

5-2 気をつけたい情報セキュリティ

▶ ユーザ認証の必要性

　情報セキュリティの最も根本的な対策は、**本人確認を適切に行う**ことです。**ユーザ認証**技術は、利用者が本人であることをシステムが確認するための技術です。これにより、本来は権限のないほかのユーザが勝手に使うことを防ぎます。

　コンピュータの盗難時などに、単にそのコンピュータを利用されてしまう被害に加え、保存したデータを奪われ悪用されることで、損失が拡大する危険性があります。また、オンラインサービスにおいて他者にアカウントを乗っ取られると、そのサービス上の全権限が奪われることになります。悪意ある他者に破られないよう、適切にユーザアカウントを管理する必要があります。

▶ パスワードによるユーザ認証

　様々なシーンで利用されている認証方法が、**パスワード認証**です。ほかのユーザが知らない、鍵となる文字列（パスワード）を入力させることで本人確認を行います。この方式では、パスワードの作り方や管理を適切に行うことが大切です。

　パスワードとして、予測しやすいものやシンプルなものを利用すると、簡単に破られてしまいます。パスワードを十分に長くし、生年月日や名前、辞書に載っているような一般的な単語は避けましょう。数字やアルファベットの大文字小文字、記号などを混ぜて複雑に設定することで破りにくくなります（ 図2 ）。また、複数のアカウントで同じパスワードを使いまわすと、どれか1つが破られた場合に、ほかのアカウントもすべて破られてしまう点にも注意すべきです。

　複雑なパスワードを端末やサイトごとに個別に作り、それをすべて暗記することが理想的ということになりますが、これは容易なことではありません。現実的にはアカウントの重要度や奪われた際のリスクを考えて使い分ける姿勢が大切です。

1217　　　　（誕生日）

qwerty　　　（キーボードの並び）

computer　　（一般的な単語）

推測しやすい文字列は避ける　　　　　十分長くする

図2　パスワード設定のポイント

Point　ソーシャルエンジニアリングに注意

　適切にパスワードを設定するだけでなく、他者にうっかり話してしまったり、メモしたものを人の目につく場所に置いてしまったり、入力時に盗み見られたりすることにも注意が必要です（図3）。利用者自身が周囲に気を配って振る舞わないと、パスワードが漏れてしまうかもしれません。

　こうした技術によらない人間の隙やミスを利用して行う攻撃を、ソーシャルエンジニアリングやソーシャルハックなどといいます。

パスワードの書かれたメモがパソコンの近くにある

人前でパスワードを特定できるような会話をしている

盗み見されやすい場所でパスワードを入力している

図3　ソーシャルエンジニアリングの標的になりやすいケース

▶ 広まりつつある生体認証

近年では、パスワードに代わってユーザに固有の身体的な特徴を使って、ほかの人と区別する手法も普及しつつあります。これは**生体認証**や**バイオメトリクス認証**と呼ばれ、たとえば指紋や瞳の虹彩を用いるものや、顔認証などがあります。パスワード認証では、本人であっても忘れると認証できず、一方で流出すると他者でも認証されるという問題がありますが、生体認証であればそのような問題が起こりにくくなります。

しかし、寝ている間に指紋を使われる、ピースサインをした高解像度の写真から指紋を読み取って使われるといった攻撃があり、日常的に身を守る意識は大切です。

▶ 情報の秘密を守る暗号通信

個人が自らの身を守る際に利用できるもう1つの方法が、**暗号技術**を用いることです。特殊な計算処理を行うことで、通信やファイルの内容を他者に読めないように変換する処理を暗号化といいます。暗号化する際に用いた鍵（特殊な計算に用いる数字など）に対応する復号鍵を用いることで復号（元に戻すこと）しますが、この復号鍵がないと暗号を読むことができないようになっています。

ウェブ上のサービスを利用する際、パスワードを送信することが珍しくありませんが、こうした通信が適切に暗号化されていないと、パスワードが漏れる原因になります。インターネットは多数のコンピュータを中継して目的のコンピュータへデータを届けますが、こうした中継点でデータを盗み見たり改ざんしたりする攻撃も存在します。クレジットカード情報が奪われれば、通販サイトのアカウントが奪われるよりも大きな被害をもたらします。

ウェブにおいて重要な情報を入力する際には、基礎的なプロトコルであるHTTPでなく、暗号化された**HTTPS**が使われているかといった点を確認するとよいでしょう（ 図4 ）。

Point　　　　　　　　　　HTTPSとは？

　HTTPSは、HTTPによる通信を暗号化し、安全に情報のやり取りを行うしくみです。厳密には、HTTPS自体はプロトコルではなく、SSLという、より下位のレイヤーのプロトコルで暗号化通信を確立したうえでHTTP通信を行います。同様の手段でFTPやIMAPなどの各種のプロトコルも暗号化され、FTPSやIMAPSとして利用されています。

　HTTPSを用いた通信は、URLがhttps://で始まることから確認できます。また、ブラウザの機能によってその接続の証明書を確認することができます。

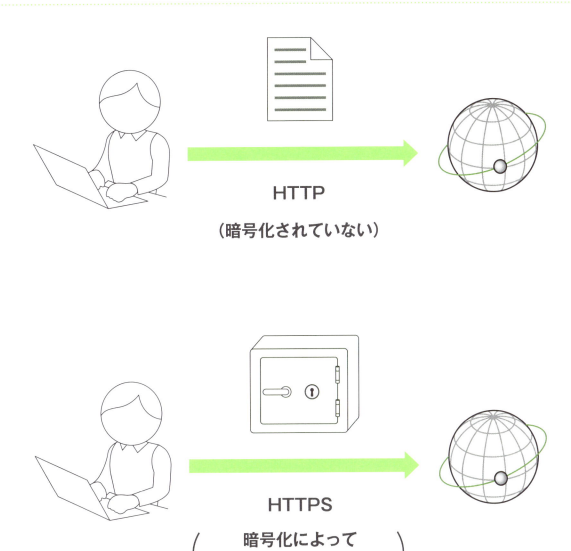

図4 　HTTPとHTTPSのイメージ

5-3 コンピュータウイルスの正体

▶ コンピュータに害をなすマルウェア

コンピュータを利用するうえで気をつけたいのが、いわゆる「コンピュータウイルス」の被害です。一般的には、コンピュータに害をなすプログラムをウイルスと呼ぶことが多いようです。正確には、悪意を持って被害をもたらすプログラムはマルウェアといい、そのうちの一形態がウイルスと分類されます。

マルウェアが持つ代表的な機能には、自己増殖機能、潜伏機能、発病機能があります。

自己増殖機能とは、プログラム自身が自らを複製し、拡散しようとする機能です。潜伏機能とは、感染したコンピュータにおいて発病するまでの期間、密かに動作をして感染の拡大などを行う機能です。発病機能とは、実際に破壊的な動作や攻撃的な動作を行って、感染したコンピュータや別のコンピュータに害をなす機能です。これらの機能の全部、もしくは一部を持つようなプログラムがマルウェアとされます。

Point マルウェアの類型

マルウェアを感染のしかたから類型化すると、コンピュータ内の宿主となるファイルや別のプログラムを書き換えることで埋め込まれ（寄生し）、感染の拡大を図るものをウイルス型と呼びます。寄生せずに自己増殖を行うものをワーム型といいます。トロイの木馬型と呼ばれるマルウェアは、自己増殖機能を持たずに、通常の無害なファイルやプログラムに偽装してコンピュータの内部に入り込み、攻撃をします（表1）。

表1 マルウェアの類型

種類	寄生	自己増殖	偽装
ウイルス型	○	○	×
ワーム型	×	○	×
トロイの木馬型	×	×	○

▶ マルウェアの攻撃パターン

　攻撃のパターンもいくつかに分類できます。感染したコンピュータ内部のファイルを削除・破壊するもののほか、コンピュータに保存された内部情報を外部に勝手に送信して情報を収集する**スパイウェア**（ 図5 ）、外部から感染したコンピュータを操ることができる侵入経路（**バックドア**といいます）を仕掛けるもの、ユーザのコンピュータの操作を記録しパスワードを盗む**キーロガー**（ 図6 ）などがあります。

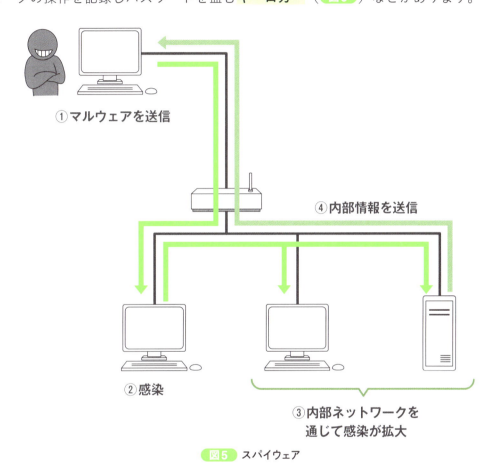

図5　スパイウェア

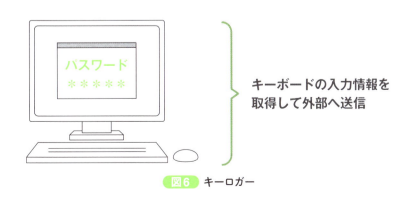

図6　キーロガー

▶ マルウェアの目的

マルウェアの目的には、コンピュータのファイルを破壊する業務の妨害や嫌がらせのようなものもありますが、より悪質な目的を持ったものが存在します。

感染したコンピュータから情報を抜き出すスパイウェアには、特定の企業や組織の機密情報など、明確な狙いを持って攻撃するものがあります。ほかに、一般ユーザの多数の情報を集めた中から、個人情報など二次的に利用できる情報を奪い取るものもあります。

バックドアを仕掛けるなどしてコンピュータを乗っ取るものには、さらに別の攻撃対象への踏み台として利用し、より重大な犯罪に加担させる場合もあります。インターネットでは、複数のコンピュータを順に中継することで対象のコンピュータまで接続します。意図的に踏み台を中継することで、攻撃元を誤認させ、犯罪行為を隠匿したり、他者に罪をなすりつけたりする場合があります。金融や特許関連情報、外交、軍事機密などを標的とする場合、攻撃元は大規模な、国際的な犯罪組織である可能性があります。踏み台にされる危険性を考えると、自身が重要な機密情報を扱わないからといって、セキュリティ対策を怠ってよい理由にはなりません。

脆弱なコンピュータは、踏み台としての利用価値のほか、DoS攻撃という分散型の攻撃に用いられる可能性もあります。DoS攻撃では、攻撃対象に対し、同時に多数のコンピュータからデータを送信します。これにより、対象のコンピュータに高い負荷をかけたり、ネットワークを混雑させて正規の利用者が接続できなくしたりして、正常な利用を妨害します（図7）。

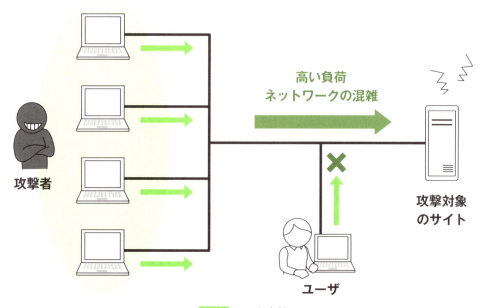

図7 DoS攻撃

▶ マルウェアへの対策

マルウェアの感染にはいくつかのタイプがありますが、いずれにしても感染対象のコンピュータに悪意のあるプログラムを実行させます。

悪意あるプログラムを実行させる手段は、大きく以下の2つに分けられます。1つは、コンピュータのOSやアプリケーションソフトウェアの不具合・欠陥などの弱点を突いて攻撃を行うものです（この弱点のことを、**脆弱性**や**セキュリティホール**といいます）。もう1つは、ユーザが意図しない操作により実行させるものです。

セキュリティホールへの対応として主なものを挙げます。まず、**ファイアウォール**と呼ばれる防壁ソフトウェアを用いて、ネットワーク上の望まない通信を遮断すること（図8）。ほかには、不具合が発見された場合に提供されるアップデートをこまめに導入し、システムを最新の状態に保つといった対策もあります。

先ほどの「ユーザが意図しない操作により実行させる」というのは、文書を装ったファイルを開くと、コンピュータ内の情報を抜き取るマルウェアが実行される、といったことです。この場合の対策には、よくわからないものを確認なく触ることのないように注意することや、入り込んだ悪意あるプログラムが実行される前に検出し削除できるように、**アンチウイルスソフトウェア**を導入することが挙げられます。

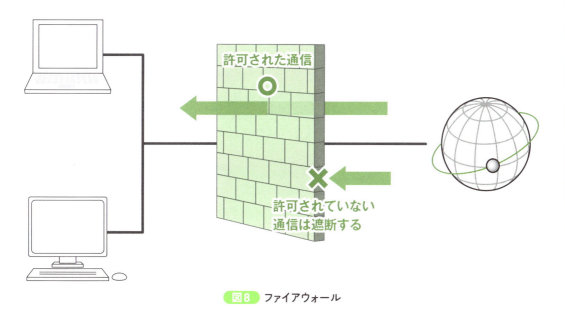

図8　ファイアウォール

5-4 サイバー犯罪に巻き込まれないために

▶ 迷惑メールとフィッシング詐欺

　これまで説明したもの以外に、個人が自らを守るために気をつけなければならないサイバー攻撃には、迷惑メール類があります。電子メールを利用していると、自身に宛てたメールのほかに、様々な迷惑メールが届く場合があります。電子メールアドレスさえあればメールは送信できるので、どこかから電子メールアドレスが不正に入手された場合や、そうでなくともランダムなユーザ名に宛てて送られたものが届く場合もあります。

　大量無差別に送信されるスパムメールや、身に覚えのないウェブサイトの利用料を請求する架空請求メールなど、迷惑メールにもいろいろな種類があります。得体の知れない不審なメールは開かずに削除し、無視するのがよいでしょう。

　こうした迷惑メールの中でも、特に注意したいのが**フィッシング詐欺**です。これは銀行や通信会社など、あり得そうな発信者からのメールを装って罠のウェブページへ誘導し、ユーザアカウントやパスワード、あるいはクレジットカード番号などの個人情報を入力させて悪用する詐欺です（図9）。本物と見分けがつきにくい巧妙なメールもあり、注意が必要です。

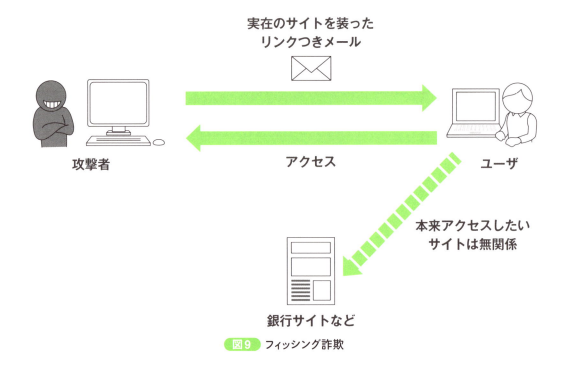

図9　フィッシング詐欺

▶ SNS利用時に気をつけること

SNSにおいても、情報の取り扱いに気をつける必要があります。情報を漏えいさせないこと、偽の情報にだまされないこと、炎上事件などに加担し他者を不当に傷つけないこと、スパム投稿やアカウントの乗っ取りに注意することが求められます。

まず、自らの発信には十分に気をつける必要があります。自身の個人情報などの注意点については、第2章で述べました。このほかに、業務上知り得た秘密などの扱いにも気をつける必要があります。==一度ウェブに公開された情報は、問題があった場合に完全な削除ができません。==自分の最初の投稿は削除できても、他人にコピーを保存されていた場合、それらは削除できません。重大な情報であれば、慌てて消しても広がってしまう可能性があります。

また、SNS上には悪意の有無にかかわらず、嘘やデマ、誤った情報が多数流通しています。見かけた情報の真偽については信頼できる情報源を再確認し、誤った情報の拡散に加担しないよう注意しましょう。中には、意図的に事実と異なる情報を広めて他者の人格を傷つけるものや、自らの利益につなげるものもあり、名誉毀損や詐欺にあたる場合があります。

ウェブにおいては相手の顔が見えないことや、ほかのユーザの過激な発言に感化されやすいことなどから、情報発信が乱暴になる場合があります。炎上事件のターゲットとされると、公人私人を問わず過度に攻撃されることがあります。対面のコミュニケーションにおいては、話し合いがうまくいかなくても、いきなり相手を罵倒したり、殴ったりはしないと思います。同じように、不当な暴力に加担しないようにしましょう。

💡 Point　アカウントの連携機能は慎重に使う

アカウントの乗っ取りにも要注意です。一部のSNSにおいては、そのサイトでのログイン認証を用いてほかのサイトでの本人認証を行ったり、ほかのサイト経由でSNSへ投稿を許可したりする、サイト間の連携機能が備わっています。悪質なサイトとの連携を許可してしまうと、アカウントを乗っ取られ、誤った情報やスパムリンクの投稿などに悪用される可能性があります（図10）。

スパムリンクの投稿とは、迷惑メールと同じように、悪意を持ったリンクを送信する投稿のことです。アカウントの乗っ取り以前に、SNSでも出所の知れないリンクはクリックしないようにしましょう。

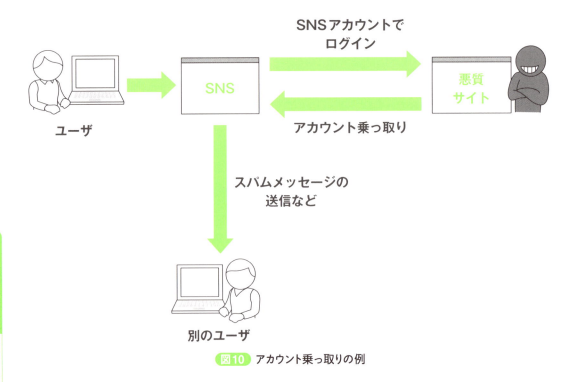

図10 アカウント乗っ取りの例

▶ 自分のコンピュータやデータの持つ価値を把握する

　インターネットの世界においても、実世界での生活と同様、善良な多数の一般の人々の中に、悪意を持ったユーザが必ず存在します。自らの身の安全は自身で守れるように、攻撃手段を知っておく必要があります。様々な攻撃手段とそれに対する防御法がありますが、これらはいたちごっこのように相互に対応し、変化しています。

　理想的な防御を行うには多大なコストがかかりますが、適切な防御を施せば攻撃にもコストがかかります。攻撃が成功した末に得られるリターンに見合わないということは、攻撃者があきらめる可能性が高くなり、つまり安全性が高まります。**自身の管理するコンピュータやデータなどの資産が持つ価値を考え、必要なバランスを見極めて、適切な防御方法を選択していく**ことが求められます。

Column コンピュータシステムとイノベーション

　あらゆる場所でコンピュータシステムが用いられるようになりましたが、同時に故障のリスクを考慮する必要性が増しました。現在、システムの故障は直接にそのシステムを利用するユーザだけでなく、間接的に利用している人々にも影響を及ぼすようになっています。そのため、特に生活への影響が大きい重要なシステムほど、安全性が強く求められます。たとえば銀行システムや、電車や航空機などの運輸管理システム、医療システムなどでは、少しの誤りも許されません。

　一般にこうした安全性が強く求められるシステムほど、その設計は保守的になります。うまくいっている既存のシステムをあえて大きく変える動機が弱くなるからです。それまでの構成にもとづき必要最低限の修正を加えていれば、少なくとも現状維持が可能です。

　新しいシステムには往々にして誤りが含まれるもので、安定して動作するようになるまで細かな修正を積み重ねて改善していく必要があります。こうした修正の過程で起こりうる損害のリスクを見積もったとき、問題の少ない選択肢が選ばれやすくなります。しかし一方で情報技術の進展は目覚ましく、旧来の設計は次第に陳腐化してしまいます。システムを刷新する際のリスクを、陳腐化するデメリットが上回るまでには更新すべきでしょう。

　上記は情報システムの中でもかなり限定的な例ですが、一般に大企業の製品開発は、新興の中小企業よりも新技術に対して保守的になる傾向が指摘されています。この問題を、企業経営の理論ではイノベーションのジレンマと呼んでいます。

　この指摘を少々乱暴に裏返せば、守るもののない小さな主体のほうが、既存の枠組みにとらわれない柔軟な発想の創造が可能であるといえます。今日のウェブ社会では、たった1人でも情報の発信者となれます。ソフトウェアやウェブサービスのような技術面でも、はたまた音楽や映像といったコンテンツにおいても、個人の作品がプロのクリエイターの製作物を凌駕するケースは珍しくなくなっています。

セキュリティセルフチェック

　自分がどのようにインターネットを利用しているかを振り返り、情報セキュリティへの対応状況を自己点検してみましょう。表の項目を○か×でチェックしてください。○が多いほど対策が行き届いています。×をつけた項目はぜひ改善しましょう。

- [ ] 1. 知らない差出人から届いたメールの添付ファイルは開かない。リンクもクリックしない。
- [ ] 2. オンラインサービスを利用する際には、入力する個人情報が必要か確認している。
- [ ] 3. SNSに投稿する内容は、投稿前に読み返し、不適切な情報を含んでいないか確認している。
- [ ] 4. パスワードは英数字と記号を組み合わせた長いものを使用している。
- [ ] 5. パスワードを記したメモなどを人目につく場所に置いていない。
- [ ] 6. 公衆のWi-Fiサービスでクレジットカード情報などの重要な情報を入力していない。
- [ ] 7. 個人情報や決済情報を入力する際には、接続が暗号化されているか確認している。
- [ ] 8. 家庭の無線LANは暗号化し、パスワードを設定している。
- [ ] 9. パソコンやスマートフォンの前を離れる際には画面をロックし、パスワード入力をしないと利用できない状態にしている。
- [ ] 10. ノートパソコンやUSBメモリを持ち歩く際、個人情報や機密情報の記録されたファイルを持ち歩かないようにしている。どうしても必要な場合には暗号化している。
- [ ] 11. 利用しているソフトウェア（OSやアプリケーション）の更新をこまめに行っている。
- [ ] 12. セキュリティソフトウェア（アンチウイルスソフトウェアやファイアウォールソフトウェア）を導入している。
- [ ] 13. セキュリティソフトウェアの定義ファイルの更新をこまめに行っている。
- [ ] 14. セキュリティソフトウェアのライセンスの有効期限は切れていない。

第 **6** 章

知っておくべき 「最新テクノロジー」 のしくみ

ねらい

▶人工知能の概要をつかみます

▶IoT の概要をつかみます

▶フィンテックの概要をつかみます

▶ AR と VR の概要をつかみます

本書の最後となる第6章では、特に新しいトピックを取り上げます。発展的な内容の複数の話題を個別に解説しますが、今日の、さらには近未来の情報環境を想像するうえで役に立つはずです。これらの内容を理解する際には、本書のここまでの内容が基礎となっています。まとめの代わりとして、本章を通じて情報社会の未来を考えてみましょう。

6-1 なぜ人工知能が人間に代わるといわれるのか① ～人工知能の歴史～

▶ 第3次人工知能ブームの到来

近年、人工知能（AI）があらためて注目を集めています。流行語のように各業界に応用が広がり、「AIの進展により人間の仕事が奪われる」などという調査も出ています。まさに人工知能ブームといった状況ですが、歴史をたどると人工知能のブームはこれが3回目です（表1）。現在はいわば「第3次AIブーム」なのです。

では、人工知能とは一体なんなのでしょうか？　はたして、本当に私たちは仕事を奪われるのでしょうか？　今日の状況を説明する前に、一度人工知能技術の歴史をたどったうえで考えていきましょう。ただしページ数の都合上、AI分野を網羅的に解説することはできないので、ごくごく代表的なトピックだけをかいつまんでいきます。

▶ 人工知能とは？

人工知能と聞いて素朴に思い浮かべるのは、SFに描かれるような、まるで人間のように振る舞うアンドロイドや、超ネットワーク社会を支配するスーパーコンピュータのような存在かもしれません。では現実として、このようなコンピュータが完全に人間に取って代わって仕事を奪うかといえば、そんなことはありません。

人工知能とは、人工的に作られる**"知的な振る舞い"**をするコンピュータシステムのことです。その中で「強いAI」と「弱いAI」に分類されることがあります。

Point　強いAIと弱いAI

特に、人間と同等に自律的に判断し、行動するような知能を目指すものを「強いAI」といいます。一方で、必ずしも人間と同等の振る舞いをしなくとも、コンピュータの得意不得意を活かしたコンピュータなりの知能を目指すものを「弱いAI」と呼んで対比しています。近年の人工知能研究においては、もっぱら後者が主流でした。

▶ 最初の人工知能ブーム

　人工知能という概念が提起されたのは、1956年のダートマス会議においてのことです。背景として、情報理論によるデジタル通信や、計算理論によるデジタル表現を用いた計算など、それぞれの理論の研究が進んだことで、計算機を用いて知的な処理が行える可能性が示されていました。

　また数学者・コンピュータ科学者のアラン・チューリングが考案した**チューリングテスト**では、テキストを用いた対話を通じて相手が人なのか機械なのかの判別ができなければ、機械は十分に知的であるという考え方が示されていました。

　この頃に登場した探索や推論といった諸理論を統合し、知的な機械を目指す研究分野が形作られ、これにArtificial Intelligence（人工知能）という名が与えられました。その後の数年に研究は大幅に進展し、完全に知的な機械もいずれは実現できるだろうとの予測もされました。これが人工知能の最初のブームといえます。

表1 人工知能ブームの年表

※『エンジニアが生き残るためのテクノロジーの授業』（増井敏克著、翔泳社刊、2016年）より

年代	特徴	技術・キーワード
1950年頃	第1次人工知能ブーム	ダートマス会議 チューリングテスト
1960年頃		ニューラルネットワーク ファジィ理論 意味ネットワーク
1970年頃	技術的な難問の登場	フレーム問題 組み合わせ爆発問題
1980年頃	第2次人工知能ブーム	遺伝的アルゴリズム エキスパートシステム バックプロパゲーション
1990年頃	産業への活用	ニューロ ファジィ 遺伝的プログラミング データマイニング チェスでAIがチャンピオンに勝利
2000年頃	人工知能が一般化される動きが出始める	ロボットペットの登場 インターネットの普及 オートエンコーダ
2010年頃	第3次人工知能ブーム	ディープラーニング 囲碁でAIがプロ棋士に勝利

▶ 完成しない人工知能

人工知能はたびたびブームとなりましたが、人工知能分野は要素技術（人工知能の個別技術）の理論が完成すると、もはや知的とみなされなくなるという特異な分野でもあり、完全な人工知能はいつまでも完成しません。

たとえば、初期からの重要なトピックに**「探索」**の技術があります。これは特定の条件に当てはまるものを見つける手法であり、様々な手法が活発に提案されました。これらの手法は、いくつかの代表的なアルゴリズムが確立され、現在は「高度に知的な処理」というよりは、「計算機科学の分野における基礎的な手法」として広く利用されるようになっています。

▶ 人工知能研究の限界

もう1つ、第2次人工知能ブームの際に大きな話題となった**「推論」**に触れましょう。推論とは、論理の組み合わせから導き出される別の事象を推定することです。記号を用いて論理を表現する手法や、計算機上で記号論理を扱う理論が研究されました。

推論の応用として、いろいろな知識をif-then（もし○○なら、××する）の形式でルールに記載することで、実世界の様々な問題を解くシステムの構築が行われました。エキスパートシステムと呼ばれるこのシステムは、患者の症状から病気を推定するなど、いくつもの応用分野で研究されました。

こうした応用は、その分野においては一定の成果を得たものの、同時に人工知能研究の限界を示しました。適切に知識をルールとして記載できれば、その範囲で答えを導くものの、その知識を記述することがシステム構築におけるボトルネックとなるという問題（**知識獲得のボトルネック**）です（図1）。

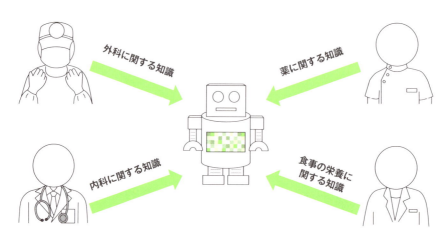

総合的な答えを出すためには、多数の専門家からの知識を吸収する必要がある

図1 エキスパートシステムの問題点

人工知能開発者を悩ませる「フレーム問題」

　分野を限らない判断を行うには、はたしてどこまで知識を記述すればよいのか、という問題もあります。記述した範囲で推論できることの裏返しとして、記述されないことには答えを出せません。

　究極的には、この世のすべてを記述しない限り、すべての状況に対応できないのではないかという痛い指摘を受けています。これはフレーム問題と呼ばれる、人工知能研究における難題です（図2）。

図2　フレーム問題のイメージ

6-2 なぜ人工知能が人間に代わるといわれるのか② 〜機械学習とディープラーニング〜

▶ 機械学習は万能ではない

　人工知能技術に**機械学習**という分野があることをご存じの方は、もしかするとこのような技術を用いて「学習」すれば、人工知能の限界を突破できると考えるかもしれません。これは部分的には正解かもしれませんが、多くの点で課題があります。

　機械学習という技術でできるのは、**データの分類基準を学習すること**です。もう少し詳しくいうと、データの特徴から分類基準を作って、新規のデータに対してもある程度の確率で分類判断を行う技術です（図3）。

　したがって、事前に想定された分類の外の知識を得ることはできません。また、事前に与えられた訓練データと同じような分類を行うように基準を学習するため、データの個数が少なかったり、データに偏りがあったりした場合、適切に基準が作られません。複雑な学習にも向かず、既存の機械学習技術を持って人工知能の限界を超えるとするには不足がありました。

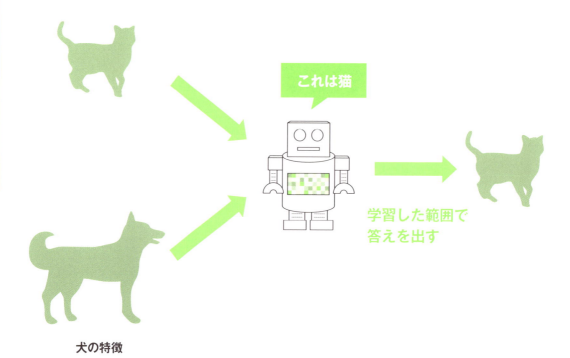

図3　従来の機械学習のイメージ

▶ ディープラーニング

　現在の第3次AIブームのきっかけの1つは、**ディープラーニング（深層学習）** と呼ばれる、大幅に進展した機械学習技術が登場したことです。

　機械学習にはいくつかの手法がありますが、ディープラーニングの基礎となっているのは、**ニューラルネットワーク**という手法です。これは脳の神経回路を模した手法で、ニューロン（神経）に相当するノード（中継点、分岐点）の入力と出力を多段階につなぎます。相互の接続の強さを学習により調整して、入力に対して確率の高い分類をします（図4）。

　ディープラーニングというのは、このニューラルネットワークの階層を深く重ね、多量のデータを与えて訓練したものです。それまでニューラルネットワークでは、階層を深くすると精度が落ちてしまっていました。ディープラーニングの発展は、これを改善する手法が開発されたことに加え、膨大なデータとそれを高速に計算できるコンピュータの性能向上が要因です。

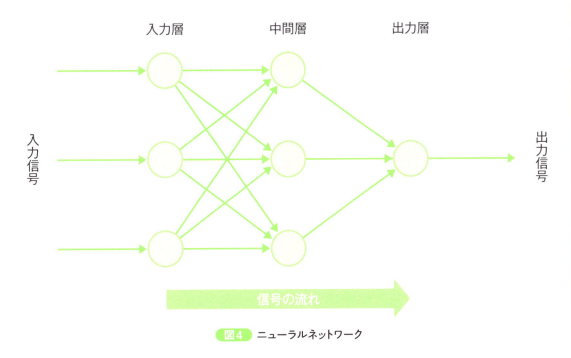

図4　ニューラルネットワーク

▶ ディープラーニングとビッグデータ

　ディープラーニングを実現するアルゴリズムが現れても、実用には多量のデータが必要でした。ディープラーニングが人工知能分野における覇権的な存在となったのは、**ビッグデータ**と呼ばれる多量のデータが利用可能になりつつある社会背景に合致したことも大きいでしょう。

　ビッグデータとは、一般的なデータ管理やデータ処理の枠組みでは扱えないほどに多量なデータの集まりです。ウェブやSNSの普及により、膨大な量のテキストデータが得られるようになりました。また、環境やモノへのセンサの埋め込み、いわゆるIoT時代の到来により、現実世界のセンサ情報も多量に得られる素地ができあがっています（図5）。

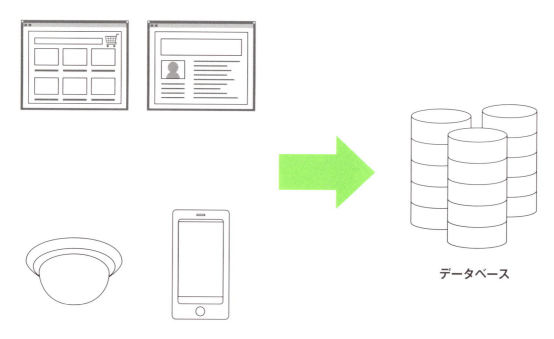

図5　ビッグデータの源泉

Column 人工知能は人間の仕事を奪うのか？

　本当に我々は、人工知能によって職を追われるのでしょうか？ たとえば、細かいルールを人が記述したエキスパートシステムよりも、実際のセンサデータから分類・検知するほうが診断の精度が高いように、一部の職務においては人工知能が人間よりもよい成績を発揮するでしょう。

　その意味で、短期的にはコンピュータにより代替される業務も出てくると思います。しかし、それは過去の産業革命によって機械が人間の仕事を奪ってきたのと同様です。道具の発展により職務の進め方に変化があるように、AIに任せることで人間が行わない作業もあるでしょう。つまり、長期的な視野に立てば、人間が行うべき仕事の内容に変化が起こるということなのです。

　人工知能技術を用いて効率化したぶん、業務が改善したり、ほかの仕事に注力できたりするようになります。結果として職務上のリソースを、あるいは効率化によって生まれる余暇を、より創造的な仕事に振り向けられるようになるでしょう。

　現代を大きな視点で捉えると、超高齢化社会や人口減少時代などといわれ、社会構造に転換が求められています。人工知能との協業によって、人類の文明をさらに前進させることもできるのではないでしょうか。

やってみよう！　情報技術の未来予想図を描いてみよう

　情報技術の進展は目覚ましく、新たな技術が次々と登場しています。しかしその本質は、本書を通して述べてきたように「人が情報とどう接するか」という問題です。情報技術はその仲立ちをします。

　この観点から、あなたが将来の情報環境に望むことを描いてみましょう。こんなふうに情報を集めたい、こんなふうに人とコミュニケーションを行いたい、こんなふうに機器を操作したい……など、素朴な発想で構いません。文章でも絵でも構いませんので、自由に描いてみましょう。

6-3 IoTが生活を変える

▶ 家庭における利便性の向上

情報化の波はコンピュータの中だけでなく、現実世界にも大きな変化をもたらします。IoTはまだ普及が始まったばかりですが、将来的には家庭内や環境に埋め込まれたあらゆるコンピュータや電子機器類、センサなどがネットワークに接続すると推測されます。

人と周辺環境との**インタラクション**（相互作用）そのものが電子化されることで、生活の利便性は向上するでしょう。たとえばリモコンは離れた位置から電子機器を操作できて、大変便利です。環境とのインタラクションのわかりやすい形の1つが、こうした遠隔操作です。あらゆるモノがネットワークに接続することで、これまでリモコン操作の対象でなかった電子機器も、遠隔で操作できるようになるかもしれません。さらには外出先からエアコンを制御するなど、既存のリモコンの制約を上回るような遠隔地からの高度な操作も実現されるでしょう。

▶ 電子機器同士のつながりが秘める可能性

個別の電子機器がネットワーク越しに利用できるだけでもとても便利ですが、大きな可能性を秘めているのはこうした**電子機器が相互に接続される**ことです。たとえば玄関を電子キーで解錠すると同時に、照明をつけ、風呂に湯を張るようなしくみは実現できそうです。ほかにも、端末で夕食のレシピを検索すると、冷蔵庫に格納されている食材からつけ合わせの料理を提案してくれるなど、可能性は広がります。

Point 家庭用電子機器が集める生活データ

生活環境に埋め込まれた機器をユーザが利用することで、その人の活動を細かに記録するセンサにもなり得ます。各家庭で多くのユーザの活動を記録すれば、人々の生活に関わるビッグデータとして、利用価値も大きいでしょう。

▶IoT時代の新技術① ウェアラブル端末

まだまだ未来的な技術が次々と提案されています。**ウェアラブル端末**は、ユーザが身にまとうことのできるコンピュータ端末です（図6）。これまでもいろいろな形式のウェアラブル端末が提案され、メガネ状の端末や腕時計型の端末は実際に販売されています。特に腕時計については、大手端末メーカーも参入し、商品展開が広がっています。ユーザが日常的に身につけることで、携帯電話端末以上に精緻なユーザの活動の記録ができるでしょう。歩いた歩数や距離、心拍数など、人間の活動に関わる情報を細かく取得し、ほかの機器やサービスと連動する時代もやがて来るでしょう。

図6 様々なウェアラブル端末

▶IoT時代の新技術②　フィジカルコンピューティング

ユーザが環境中で操作するのは、もはや画面を備えたコンピュータだけではなくなります。ユーザのジェスチャや環境、モノとのインタラクションなど、身体的な振る舞いでコンピュータを操作する機会も増えるはずです。

フィジカルコンピューティングと呼ばれる領域では、このように物理的に人や環境に働きかけるデバイスが作られています（ **図7** ）。マイコン（マイクロコンピュータ。小さいサイズのコンピュータのこと）やセンサのような電子機械としての要素のほかに、3Dプリンタなどの立体造形に関わる新しいしくみも相まって、数々の新しい提案が行われています。

▶IoT時代の新技術③　日本版GPS

センサの重要度が増している中、日本においては**日本版GPS衛星**と呼ばれる、準天頂衛星「みちびき」の打ち上げ準備が進んでいます。GPS（グローバル・ポジショニング・システム）とは、人工衛星からの信号を元に、GPS受信機の地球上の位置を測定するしくみです。アメリカの提供するGPSと連携することで、より高精細な測位が実現でき、位置情報を用いた各種のシステムやサービスの機能向上が期待されます（ **図8** ）。

さらには**ドローン**と呼ばれる無人飛行機や、自律移動を行うロボットなども、こうしたコンピュータネットワークの広がりに合わせ発展し、応用の可能性が高まってきています。

📢 やってみよう！　　あなたが描いた未来の情報環境を実現する方法を考えてみよう

前節の「やってみよう」では、自分なりの未来の情報環境をデザインしました。では、そうした環境はどのようにすれば実現できるでしょうか。考えてみましょう。

あなたが描いたコンピュータシステムは、（1）ユーザからどのような入力を得て、（2）どのような処理をして、（3）どのような情報をユーザに提示するのでしょうか。これらの観点を考えることが、実現方法の大きなヒントになります。

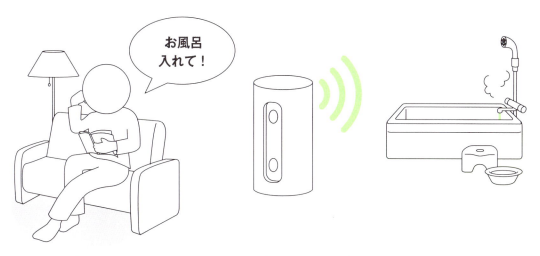

スピーカーに話しかけると家電が動作するしくみが研究されている

図7 フィジカルコンピューティングの応用例（スマートスピーカー）

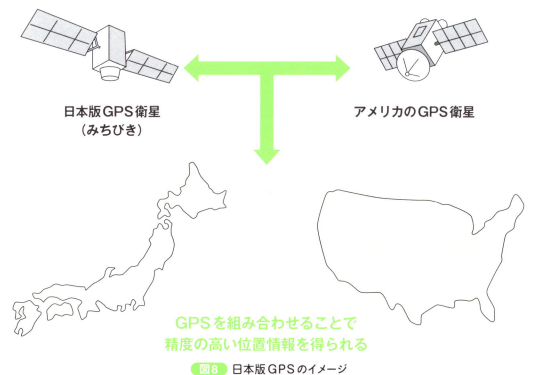

GPSを組み合わせることで
精度の高い位置情報を得られる

図8 日本版GPSのイメージ

6-4 フィンテックで現金がなくなる?

▶ フィンテックの発展

第5章で述べたとおり、電子決済や電子マネーの一般化など、私たちの経済活動においても情報化は進んでいます。こうした金融技術は**フィンテック**（**FinTech**：ファイナンスとテクノロジーからなる造語）と呼ばれ、各国で様々なサービスや金融商品が生み出されています。

すでに、クレジットカードなどを用いた電子決済はオンライン通販の重要な基盤となっています。今日では決済機能をウェブサイトに持たせる需要も高まり、決済代行サービスも広がっています。

Point クレジットカードと電子マネーの違い

ここで、クレジットカードと電子マネーの違いを説明しておきます。クレジットカードは、利用者の「信用」にもとづき、決済後にカード会社に代金を後払いします。一方で電子マネーは、先に電子的に利用できる仮想的なお金を購入して利用します。SuicaやPASMO、ICOCAなど鉄道会社による交通系のもののほか、EdyやiDなどたくさんの業者が発行しています。これらの多くは、非接触ICカードを用い、ネットワークを介してサーバ上に入出金を記録する形で利用されます。

▶ 仮想通貨「ビットコイン」とは?

電子マネーに関連して近年注目を集めているのが、**ビットコイン**と呼ばれる仮想通貨です。ビットコインは2009年に運用が開始された、**特定の国家や業者による中央管理のしくみを持たない電子通貨**です。

ビットコインの取引はPeer to Peer型と呼ばれるネットワーク上で行われ、分散的に記録されます。この記録は、接続するコンピュータが相互に検証し合い、**ブロックチェーン**という分散型台帳に保存されます（図9）。

接続するコンピュータが相互に検証し合う

図9 ブロックチェーンのしくみ

▶ ビットコイン需要の高まりと危険性

　ビットコインはいずれの国家にも制限を受けずに決済を行うことや、現実の各国の通貨と両替をすることが可能です。もちろん、ビットコインを用いて製品やサービスを購入することもできます。ビットコインと各国通貨との交換レートは常に変動していることから、投機的な目的で売買されることも多くあります（日本では決済システムが普及していないため、現時点では投機が主な目的）。

　ビットコインの「中央権力から独立している」という特徴は、自由を好む一部のインターネットユーザに好まれる一方で、**管理もされない代わりに保証や保護もされない**危うさもあります。2017年8月にはブロックチェーンが分岐するという危機が予測され、ビットコインの取引が一時的に停止される出来事もありました。このときは分岐を回避したため、大きな問題は起こりませんでしたが、運用技術面に不安定要素があることが浮き彫りになりました。

　また、通貨として成立し流通するようになったことで、テロや詐欺などの犯罪行為の決済にも用いられるようになっています。

▶ AIによる証券取引・為替取引

　FXや株式などの短期取引においては、刻一刻と変動する取引相場を注視して、よりよいタイミングで売ったり買ったりする必要があります。こうした意思決定や売買の注文を、コンピュータプログラムを用いて行うことも広まっています。こうした取引技術もフィンテックの一種といえます。

▶ クラウドファンディング

　ウェブ時代の特殊な融資や投資の形態として、**クラウドファンディング**と呼ばれる方法が広まりつつあります。これは、インターネットを利用して融資を募ることです。特殊な商品生産や研究資金のほか、表現者やスポーツマンの支援など、様々なプロジェクトがウェブサイトなどを通じて不特定多数から資金の協力を受けています。

　大きく分けて、リターンなく資金を受ける**寄付型**、成功時に金銭的なリターンを行う**投資型**、金銭ではなく成果物の商品やサービスを提供する**購入型**の3タイプがあります。

　既存の銀行融資や株式の発行によらずに個人間の支援で資金を集める、新しい経済活動の枠組みといえるでしょう。

6-5 AR(拡張現実)とVR(仮想現実)は何が違う?

▶ 仮想空間と現実空間の融合

　情報技術の発展がウェブ上に新たな社会を作ったように、私たちの生活空間は技術的に拡張しています。こうした現実世界の拡張を、視覚情報を中心に体験するものとして、**AR**や**VR**といった技術があります（図10）。これらはいずれも、コンピュータ内に作られた仮想的な空間と、実際の現実空間とをつなぐ技術です。

▶ 現実の中に仮想世界を持ち込む＝AR

　AR（Augmented Reality：拡張現実）とは、カメラで撮影された現実空間に、コンピュータ内で生成された図像を合成して提示し、実世界中に仮想世界の事物や情報が重なっているように見せる技術です。日本でも爆発的ヒットとなった「ポケモンGO」に使われている技術といえばわかりやすいでしょう。

　カメラ（多くの場合スマートフォンが用いられます）の向きや傾きなどに合わせて、合成される図像も変化し、実際にその場にあるように見せかけます。ARマーカーと呼ばれる特殊な目印を使って、実世界に貼り込む事物やその向きを指定する場合もあります。

▶ 仮想世界に入り込む＝VR

　VR（Virtual Reality：仮想現実）とは、純粋にコンピュータ内に構築された仮想的な世界です。その世界を閲覧する際は、ユーザはVRゴーグルやヘッドマウントディスプレイなどの機器を用いる必要があります。これによって全視界を仮想空間で覆い、頭や身体の向きや動きによって、その空間内で移動したり、アクションを起こしたりします。まるでユーザがその世界に入り込んだかのような没入感を体験することができる技術です。

▶ ARとVRの融合＝MR

ARとVRを合わせた技術として**MR**（Mixed Reality：**複合現実**）があります。MRではカメラを備えたヘッドマウントディスプレイやメガネ型のディスプレイを用いて、現実世界に仮想的に作り出した事物を埋め込みます。ARと似ていますが、手元の画面内で合成するARと異なり、MRでは全視界を現実と仮想が合わさった空間で覆います。現実には存在しないものを、まるで実際にあるかのように体験することができます。

図10　ARとVRの違い

▶ 現実世界に飛び出す仮想世界

　これらの技術は、仮想空間と現実空間をディスプレイの中で重ね合わせるものです。一方で、**仮想的に作り上げたものを現実世界に投影する**技術も存在します。

　3Dプリンタと呼ばれる機械は、特殊な樹脂を整形したり、木のブロックなどの立体から掘り出したりして、コンピュータ内に構築された3次元の物体を現実世界の物体として作り出します。ちょうど、紙のプリンタがコンピュータ内で作成した文書を実際の紙面に印刷するように、3次元モデルを出力することができます。

　再現するのは形だけであるため、実際にコンピュータ内で表現された動きや質感などを表現することはできませんが、製品開発において立体物の試作が飛躍的に容易になるなど、利用が広がっています。

　プロジェクションマッピングという技術は、立体物の表面に直接映像を投影する技術です。プロジェクタ（投影機）の発する光は直進するため、複雑な形状の表面に投影する際、そのままでは歪みが生じてしまいます。そこで、プロジェクションマッピングにおいては、あらかじめ投影する対象の立体をコンピュータ内に構築して、歪みを計算したうえで適した映像を出力します。たとえば、真っ白の球体に投影して、天体の様子を疑似的に表現することなどができます（図11）。

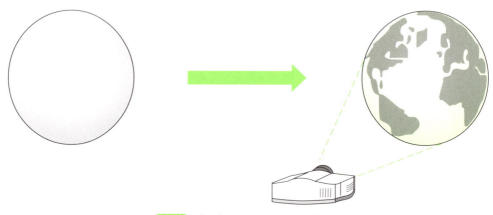

図11　プロジェクションマッピングの例

Point　娯楽が新技術の未来を作る

　こうした新技術は現在のところ、ゲームや劇場公演などのエンタテインメント分野で応用が進んでいます。これらの娯楽では、過去にもビデオ映像やインターネット通信など、新しい技術が次々に応用され、一般ユーザに普及するきっかけとなっています。このように新技術の未来を見通すとき、人々の欲求がまっすぐ現れるエンタテインメント領域に着目することはヒントになるでしょう。

Column 未来予想図を通じて考えてほしいこと

　本章では「情報技術の未来予想図を描いてみよう」「あなたが描いた未来の情報環境を実現する方法を考えてみよう」という、2つの「やってみよう」を通じて、自分の空想を形にする方法を考えてもらいました。それはおそらく素朴な空想で、本当に実現できるものかはわかりません。

　しかし、こうした素朴な空想こそが、未来の技術を生み出すのです。今日の技術発展の背景には、SF作品の影響も大きく現れています。SF作品においては、技術的にいくつかの飛躍を含みながらも、その内部では矛盾なく論理が組み立てられています。そうした技術が存在する前提で描かれた社会が、SFの世界なのです。本当に実現できないかどうかは、きっと後世の技術者が考えてくれます。こうなったら嬉しいという素朴な気持ちを思い切ってどんどん発信していくことで、情報社会はより前向きに進展していくでしょう。

用語集

2進数
数字の表記方法の1つ。0と1の2つの数字を用いて、すべての数を表現する。

5大装置
一般的なコンピュータを構成する装置。入力装置、記憶装置、制御装置、演算装置、出力装置の5つを指す。

AR
日本語では「拡張現実」。カメラで撮影された現実空間に、コンピュータで生成した図像を合成する。

ASCIIコード
コンピュータで文字を表現するための文字コードの1つ。7ビットでアルファベットと記号を表現できる。

CPU
日本語では「中央処理装置」。あらゆる処理を行うコンピュータの心臓部。プロセッサともいう。

GPS
グローバル・ポジショニング・システム。人工衛星からの信号により、地球上の位置を測定する。

HTML
ウェブ文書を記述するための言語。タグと呼ばれる命令を用いて、ウェブページを表現する。

HTTP
ウェブブラウザがウェブサーバから文書を受信するためのプロトコル。OSI参照モデルではアプリケーション層に位置する。

IoT
Internet of Things（モノのインターネット）の略。様々なモノがインターネットに接続し、相互に通信を行うこと。

IPアドレス
ネットワークに接続する端末を識別するアドレス。IPv4というバージョンが長く用いられてきたが、IPv6に移行しつつある。

LAN
ローカルエリアネットワークの略。建物や敷地など、比較的狭い範囲で構成されるネットワーク。

MR
日本語では「複合現実」。ARとVRを融合させたもの。現実空間と仮想空間が融合された世界で全視界を覆い、体験する。

OS
オペレーティングシステムの略。コンピュータに必要な機能をまとめた基本ソフトウェアで、アプリケーションが動く土台となる。

POSシステム
日本語では「販売時点情報管理」。売上データや在庫数などをリアルタイムで記録する。

URL
ある情報がインターネット上のどこにあるのかを示す。日本では俗に「アドレス」と呼ぶこともある。

VR
日本語では「仮想現実」。両目を覆うディスプレイを装着し、コンピュータ内に作られた世界を体験する。

WAN
LANよりも広い範囲で構成されるネットワーク。WANへの接続がインターネットへの接続と認識されることが多い。

Wi-Fi
IEEE 802.11という無線通信の規格に沿って、機器が相互接続可能であるという認定。

Glossary

WWW
ワールド・ワイド・ウェブの略。ウェブを構成する技術的なしくみのことで、主な構成要素としてHTTP、HTML、URLがある。

アカウント
インターネットサービスなどにログインするための権利。「ID」と同義で用いられることが多い。

アプリケーション
アプリケーションソフトウェア（プログラム）のこと。文書作成や表計算など、目的に応じた機能をコンピュータに提供する。

アルゴリズム
コンピュータの処理手順を表したもの。コンピュータがある問題を解決をするためのアプローチ方法。

暗号技術
通信の際、第三者が読み取れないように情報を秘匿する技術の総称。

ウェアラブル端末
人間が装着するコンピュータ。メガネ型や腕時計型などがあり、ユーザに情報を提供したり、利用状況を記録したりする。

ウェブ
インターネット上で、ウェブブラウザなどを通じて閲覧することができるウェブページの集まり。

ウェブアプリケーション
ウェブ上で提供されているアプリケーションのこと。従来のクライアント側で動くアプリケーションと異なり、サーバ側で動作する。

ウェブサイト
1つのまとまりとして公開されているウェブページ群。単に「サイト」とも呼ばれる。

ウェブブラウザ
ウェブサーバ上で公開されているウェブページを閲覧できるクライアントソフトのこと。

ウェブページ
個人や団体が発信したい情報を示した文書。通常は複数の文書をまとめて、ウェブサイトとして公開する。

解像度
画像データの精細さを表す概念の1つ。画像データは粒の集合で表現されるが、その粒の細かさを示すもの。

仮想通貨
法定通貨に対して、特定の国家などによる中央管理のしくみを持たない電子通貨のこと。有名なものにビットコインがある。

機械学習
人工知能技術の1つ。コンピュータにデータを与え、その特徴から分類基準を作成させ、新規のデータを分類させる。

クエリ
ソフトウェアに対する要求を文字で表現したもの。検索エンジンに入力するキーワードもクエリの一種。

クライアント
サーバからのサービス提供を受けるコンピュータ。ウェブやメールを閲覧する側のコンピュータなどを指す。

クラウド
データをコンピュータ内ではなく、インターネット上に保存して利用すること。複数のコンピュータでデータの共同利用もできる。

掲示版
ここではインターネット掲示板を指す。テーマを決め、主に個人が情報や意見を交換する場。

検索エンジン
知りたい情報のキーワードをもとに、該当するウェブページを検索するサービス。Google検索やYahoo!検索などがある。

コンピュータウイルス
コンピュータに害をなすプログラムで、コンピュ

Glossary

ータに寄生し、密かに感染を拡大させる機能をもつもの。

コンピュータグラフィックス（CG）
コンピュータを用いて作成・編集された画像のこと。

サーバ
コンピュータネットワーク上でサービスを提供する役割を担うコンピュータ。

情報セキュリティ
情報の機密性、完全性、可用性を確保すること。デジタルデータだけでなく、紙などに記載された情報の保護も含む。

人工知能
人工的に作られる、知的な振る舞いをするコンピュータのこと。英語の略称である「AI」とも呼ばれる。

スパム
無差別かつ大量に送信されるメールのこと。近年では、ほかのしくみを利用した同様のメッセージに対しても使われる。

脆弱性
OSやアプリケーションソフトウェアにおける、セキュリティ上の弱点のこと。セキュリティホールとも呼ばれる。

ソーシャル・ネットワーキング・サービス（SNS）
人と人との交流を目的として、情報共有・交換を行うウェブサービスのこと。有名なものにFacebookやTwitterがある。

ソーシャルメディア
個人が広範に情報を発信できるサービスの総称。ソーシャル・ネットワーキング・サービスも含まれる。

ソフトウェア
コンピュータを動作させるプログラムの総称。OSとアプリケーションソフトウェアに大別される。

ディープラーニング
機械学習技術の1つ。脳の神経回路を模したニューラルネットワークを深く重ね、多量のデータを与えて学習させる。

データベース
蓄積・検索・更新がしやすいように整理されたデータの集まり。

電子マネー
現金を用いず、電子的に利用できるお金。クレジットカードと違い、事前に購入したぶんだけが使用可能。

ドメイン
IPアドレスを人間が扱いやすいように置き換えた名称。「.com」や「.jp」はトップレベルドメインという。

ネットワーク
ここではコンピュータネットワークを指す。コンピュータ同士が接続され、相互に通信ができる状態。

ネットワークトポロジー
ネットワークにおけるコンピュータ同士の接続の形状。主にバス型、リング型、スター型があり、用途に応じて使い分ける。

ハードウェア
コンピュータを構成する部品や、接続機器のこと。ソフトウェアの対になる言葉。

バイト
データの単位。1バイト＝8ビット。ファイルサイズなどもバイトを用いて表現される。

ハイパーリンク
ウェブ文書間を相互参照させるしくみ。単にリンクとも呼ばれる。このしくみを用いた文書はハイパーテキストという。

パケット
コンピュータネットワーク上でのデータ送信時における、分割されたデータの単位。

Glossary

ハッシュタグ
一部のソーシャルメディアで利用される、簡易的にコンテンツを相互接続する機能。多くの場合「#（文字）」の形で記す。

ビッグデータ
一般のデータベースの範囲を大きく超えた、巨大なデータの集まり。近年はビジネスにおいて活用の重要性が叫ばれている。

ビット
データの最小単位。1ビットは、0か1の1桁の値。

ファイアウォール
ネットワーク上の望まない通信を遮断できる、防壁ソフトウェアのこと。

フィジカルコンピューティング
ユーザの身体的な振る舞いに反応して動作するコンピュータを利用した技術やしくみのこと。

フィンテック
金融に関するテクノロジーの総称。電子決済、電子マネー、仮想通貨なども含まれる。

ブックマーク
ウェブページにつける「しおり」のこと。検索やURLの入力が不要になるため、定期的にアクセスするページに活用される。

ブログ
ウェブサイトの一種。「ウェブの日誌」という意味の「ウェブログ」の略語。個人や団体が情報発信をする際に広く用いられる。

プログラミング言語
コンピュータプログラムを記述するための人工言語。人間の思考に沿って、処理の手順を記述できる。

プログラム
コンピュータが実行する処理手順を、コンピュータが理解できるように記述したもの。

プロジェクションマッピング
立体物の表面に直接映像を投影する技術のこと。

ブロックチェーン
分散型台帳技術のこと。ネットワーク上で様々な台帳情報を共有できるしくみ。

プロトコル
特にコンピュータネットワークで通信する際の決まりごと。複数の決まりごとを階層で分け、個々の役割を明確にしている。

プロバイダ
インターネットに接続するためのサービスを提供する事業者。

マルウェア
悪意を持ってコンピュータに害を与えるプログラムの総称。コンピュータウイルスも含まれる。

メタデータ
データに関するデータ。そのデータをいつ、誰が、どこで作成したか、といった情報のこと。

メッセージサービス
個人間でメッセージのやり取りができるサービス。有名なものにLINEがある。

ユーザインタフェース
ユーザとコンピュータの接点となるもの。入出力の際に触れる機器や、画面に表示される内容を指す。

ユーザ認証
コンピュータやウェブサービスにおいて、本人確認をすること。パスワードや指紋などでユーザを判別する。

ユーザビリティ
システムの扱いやすさを表す尺度。ユーザインタフェースの使い勝手を、心理学や人間工学の検知から測定する。

ユビキタス
いつでもどこにいてもコンピュータによる補助を受けたり、必要な情報にアクセスできたりするという概念。

索引

英数字

16進数	64
2進数	62
5大装置	74
AI	120
AR	134
ASCIIコード	68
CMS	34
CPU	75
CSS	93
CUI	25
DoS攻撃	112
GPS	130
GUI	25
HTML	90,92
HTTP	90
HTTPS	108
IoT	18,128
IP	82
JavaScript	93
LAN	84
MR	135
OS	77
OSI参照モデル	88
POSシステム	14
SNS	34
TCP	82
UI	24
URL	90
UX	29
VR	134
WAN	85
WWW	83,90

あ

アクセシビリティ	26
アナログ	60
アプリケーションソフトウェア	78
アルゴリズム	76,80
暗号技術	108
イーサネット	84
色深度	72
インターネット	20,82
インターネットサービスプロバイダ	82
インターネットプロトコル	82
インタプリタ	76
ウェアラブル端末	129
ウェブ	20

ウェブアプリケーション	94
ウェブサイト	22
ウェブブラウザ	20
ウェブページ	22
エキスパートシステム	122
エゴサーチ	101
エンコード	68
演算装置	74
炎上	51
音声	70

か

解像度	72,79
拡張現実	134
画像加工	42
仮想現実	134
仮想通貨	132
キーロガー	111
記憶装置	74
機械学習	124
機械語	76
クエリ	22
組み込みコンピュータ	19
クライアント	90
クラウドファンディング	133
群衆の叡智	52
検索エンジン	22,98
個人情報	44
コピーレフト	49
コミュニケーション	36
コンテンツマネジメントシステム	34
コンパイラ	76
コンピュータ	12,74
コンピュータウイルス	110
コンピュータネットワーク	14

さ

サーバ	90
サンプリングレート	71
社会基盤システム	16
集合知	52
出力装置	74
肖像権	48
情報化社会	56
情報システム	12
情報セキュリティ	106
人工知能	120
深層学習	125

Index

スタイルシート	93
ストリーミング	96
スパイウェア	111
制御装置	74
脆弱性	113
生体認証	108
セキュリティホール	113
センサ	18
ソーシャル・ネットワーキング・サービス	34
ソーシャルエンジニアリング	107
ソーシャルメディア	35

た

著作権	46
著作者人格権	46
通信メディア	67
ディープラーニング	125
データ	58
データ構造	80
デコード	68
デジタル	60
デジタル表現	38
電子マネー	104,132
電子メール	91
トゥルーカラー	73
ドメイン名	89

な

ニューラルネットワーク	125
入力装置	74
ネットワークトポロジー	84

は

バイト	63
ハイパーリンク	23,92
パケット	86
パスワード	106
ハッシュタグ	100
光の3原色	73
ピクセル	72
ビッグデータ	126
ビット	63
ビットコイン	132
標本化	71
ファイアウォール	113
フィジカルコンピューティング	130
フィッシング詐欺	114
フィンテック	132
復号	68

複合現実	135
符号化	68
プライバシー	44
フリーソフトウェア	49
フレーミング	50
フレーム	73
ブログ	34
プログラミング言語	76
プログラム内蔵方式	75
プロセッサ	75
ブロックチェーン	132
プロトコル	88
ベータ版	97

ま

マルウェア	110
無線LAN	85
迷惑メール	114
メタデータ	100
メディア	57,66
文字コード	68
文字化け	69
モノのインターネット	18

やらわ

ユーザインタフェース	24
ユーザエクスペリエンス	29
ユーザ認証	106
ユーザビリティ	26
ユニコード	69
ユビキタス	18
量子化	71
ローカルエリアネットワーク	84
論理演算	65
論理回路	65
ワイドエリアネットワーク	85

【著者プロフィール】

沼 晃介（ぬま・こうすけ）

専修大学ネットワーク情報学部講師、博士（情報学）。1979年12月石川県金沢市生まれ。横浜国立大学教育人間科学部マルチメディア文化課程卒業、総合研究大学院大学情報学専攻（国立情報学研究所）博士課程修了。東京大学先端科学技術研究センター特任研究員、多摩美術大学情報デザイン学科非常勤講師、情報系受託研究開発の個人企業経営などを経て現職。ウェブ工学、人工知能、ユーザインタフェースの研究に従事している。特にコミュニケーションや知的活動、表現活動を支援するメディアと技術に興味を持つ。近著に『はじめてのWebページ作成』（講談社、2017年、共著）がある。

ウェブサイトURL　http://numa.jp/

装丁　　　　　大岡喜直（next door design）
本文デザイン　相京厚史（next door design）
DTP　　　　　株式会社 シンクス

高校生が教わる「情報社会」の授業が3時間でわかる本
大人も知っておくべき"新しい"社会の基礎知識

2017年11月16日　初版第1刷発行

著者　　　　沼 晃介
発行人　　　佐々木 幹夫
発行所　　　株式会社 翔泳社（http://www.shoeisha.co.jp）
印刷・製本　株式会社 シナノ

©2017 Kosuke Numa

本書は著作権法上の保護を受けています。本書の一部または全部について（ソフトウェアおよびプログラムを含む）、株式会社 翔泳社から文書による許諾を得ずに、いかなる方法においても無断で複写、複製することは禁じられています。

本書へのお問い合わせについては、8ページに記載の内容をお読みください。

落丁・乱丁はお取り替えいたします。03-5362-3705 までご連絡ください。

ISBN978-4-7981-5262-2　　　　　　　　　　Printed in Japan